U0169323

"我还是不明白，除了喜欢钓鱼并且钓鱼可以让我们去思考和感受，大家为什么爱钓鱼？"

——加拿大作家罗德里克·海格-布朗

（Roderick Haig-Brown）

1946

鲑鱼回乡记

——玛尔塔和杰森的冒险之旅

L'ECCELLENTE AVVENTURA
DI MARTA E JASON

［意］贝佩·托斯克（Beppe Tosco）［意］阿曼多·夸佐（Armando Quazzo）著
［意］伊尼亚纳齐奥·莫雷洛（Ignazio Morello）绘
叶萌 译

中国出版集团
中译出版社

生活就像一个乐透游戏：你可以生下来是鲑鱼，就像玛尔塔和杰森一样，也可以生下来是钓鱼人，就像卡米洛和比约恩一样，此后发生的一切都取决于你的际遇。

玛尔塔和杰森是一对亲密的大西洋鲑鱼伴侣，他们（实际上是玛尔塔）决定冒险并回到他们度过童年的地方——挪威的曼达尔塞尔瓦河，建立一个有几千个继承人的大家庭。在惊人的方向感（一直是玛尔塔的）指引下，他们勇敢地（主要是杰森）面对海洋和河流的危险，也遇到了走向各自命运的新老朋友。

卡米洛和比约恩也在为曼达尔塞尔瓦河的鲑鱼捕捞季做准备：卡米洛花费几个月的时间精心准备鱼饵。他将用它们来安装他的鱼线，然后将其潜入冰冷的河水中，耐心地等待与对手的战斗。

从马尔彭萨机场到奥斯陆，沿着看不见的穿越海洋的道路，这个充满活力的成人寓言以轻松又深刻的讽刺来讨论环境，讲述了鲑鱼执着又适应环境的天性以及那些充满激情的人们，他们克服了重重困难，懂得爱与尊重。

目录

在马尾藻海

"弗雷德里奇和米莱娜去年就出发了。"

玛尔塔为强调这句话暂停了一下。

"他们。"①

万籁俱寂。

"杰森?"

马尾藻海里一片寂静。

然而巨石间扬起的沙云表明,杰森离得不太远。

"塔妮娅和普罗佐必须要去俄罗斯,今早他们已经离开了,他们还向你告别来着!杰森?我们已经在这里三年了,杰森。"

---

① 编者注:为拟人化并为便读者辨别性别,故事部分主人公代词我们用"他""她";科普部分动物们的代词用"它"。

深蓝之中，依然一片寂静。

"杰森？你又在吃鳗鱼？"

杰森没有回答。他不能回答。他正躲在一块石头后面，嘴里叼着一条鳗鱼，至少有半公斤。杰森横咬着鳗鱼，看起来像一个长笛演奏家。他小心翼翼地不回答也不暴露自己，因为他知道玛尔塔说对了，他吃了太多鳗鱼。

玛尔塔和杰森在一起已经四年了。

他，杰森，成年雄性，有着玛尔塔见过的最宽大有力的尾巴，一双直视你的蓝眼睛和有一定分量的大尺度腰围——都是鳗鱼的错。

玛尔塔体格强健，壮硕得像一匹马，身材丰满又匀称，富有雌性魅力，可以恰当地定义为曲线美。

玛尔塔是一条大西洋鲑鱼，杰森是她的伴侣。而接下来，就是他们的故事。

玛尔塔和杰森自出生起就认识了。他们出生于挪威西南部的的曼达尔塞尔瓦河，这是挪威的一条重要河流，美丽且充满魅力，最后河水汇入了大海，入海口在曼达尔，一个峡湾上的安静小城镇。

"杰森，出来。我知道你正在某个地方大口吃鳗鱼。"

杰森想出来，但是嘴里还活着的鳗鱼不想被吞下去。

玛尔塔游向沙子底部，隐约看见岩石之间有个身影，她甩了甩尾巴就往那边游去。

"我看到你了。"

杰森正要一搏。机不可失，时不再来。他想一口气将鳗鱼吞下去，可这条该死的鳗鱼实在太大了。要么让它溜掉，要么咬碎它。他张开嘴想吞下它，鳗鱼却趁机逃走了。

"找到你了。"

"亲爱的。"

"你是不是在吃鳗鱼？"

"不可能，我没有。"

玛尔塔有些执着地盯着杰森，然后说起了别的。

"你知道你是睁着眼睛睡觉的吗？我今晚一直在观察你。"

"我没有眼皮，玛尔塔。"

杰森辩解的时候，他的眼睛一直在不自觉地到处乱瞟寻找鳗鱼。

"你当时看起来像是死了。安德森一家，艾丽莎和布鲁斯很早就出发了。但是埃德娜和安格斯一周前才出发。"

"可他们去的是苏格兰。"

"和这有什么关系？"

"布鲁斯夫妇的旅程更长啊。"

"奥尔森一家，玛蒂娜和比格尔，他们去的与我们要去的是同一个地方，他们已经出发将近一个月了。"杰森想了想，迅速转了一圈，仍旧认真地留意着可能出现的鳗鱼："比格尔说，他们打算游远一点，也许会去斯堪的纳维亚转一下。"玛尔塔摇了摇头："我和玛蒂娜聊过，她排除了这个可能。"

"那想聊聊朱莉和威廉·怀特沃特吗？你知道他们要去哪里吗？我告诉你吧，是纽芬兰。如果对你来说太远了……反正我就在这里享受鲭鱼奶昔。"与此同时，杰森盯上了另一条鳗鱼。迅速思考后，他决定放弃这条。

"我觉得我们也应该离开了，杰杰。"杰杰是杰森在这段亲密关系中的爱称，他不认为他们该离开了。

"费尔南多告诉我说，他认为现在离开是愚蠢的。他说我们应该多待一会儿，像阿尔塔的克莱文一样，再多长几公斤。"

"费尔南多是大比目鱼，杰森。他也没有我们的返乡本能①，他是个懒骨头，平时总是摊平躺在海底，除了啃大虾或者等着章鱼不小心游到他嘴里，他什么都不会做。"

玛尔塔对朋友怀着如此糟糕的想法，杰森对此感到十分

---

① 译者注：指鲑鱼的洄游本能，鲑鱼出生于淡水的河流，在成长期游到大海，在咸水的环境中长大、觅食，等到产卵期时，再一次回到淡水环境的故乡生出下一代。

抱歉，但他也无法说玛尔塔是缺乏证据。

"而且我感到自己想成为一名母亲了。"玛尔塔补充道。

"永远不要在这些事情上着急，玛尔塔，是否生孩子是一个重要的选择。"

玛尔塔注视着他，就像看着掉在晾晒衣物上的一小块鸽子粪。

"我们应该对我们的关系非常坚定，应该怀着某种坚定的感情。开启旅程和决定生育是关系一生的事，我们必须认真考虑所有需要用到的东西。我们需要考虑所有变量。比如，在我看来，在组建家庭之前，确保有永远吃不完的鳗鱼是非常重要的。我非常在意这个。为了你，为了我们，也为了我们的——"

"如果可以的话，别再当个傻瓜就更好了，杰森。我们的孩子，如果我们有的话，谁知道是多久之后他们才吃鳗鱼。如果你想找借口，那你就慢慢来。另外，我只是提醒你一下，你熟悉的佩德，那条特别漂亮的鲑鱼，差不多一年前就提议我和他一起离开了。"

"天啊，你这样说让我压力好大，玛尔塔。"

"他可是个美男子，魅力四射。有至少九十厘米长呢。"

"你在威胁我，原则上我是不会屈服的。"

第二天，玛尔塔和杰森开始了他们的旅程。不论运气好坏，我们都会看到他们在彼此身边。这将是一段由深蓝色、风暴、洋流、骇人的险阻、海豹、捕鲸者、贪婪的渔船、神秘与冒险组成的旅程。在这段旅程里，他们将在困难中互相鼓励、互相帮助。

卡米洛

在距离马尾藻海数千公里远的地方，一根接近4.6米长的双握把鱼竿被分为了六截放在铝管中，它正警觉地等待着鲑鱼。一个完美哈迪牌的飞钓轮放在一个木架子的抽屉里，这个木架子曾见证一家杂货店的美好时光，现在它变成了工作台和材料仓库。

这个飞钓轮是男人在苏格兰的一次拍卖会上发现的，他花了很多钱才得到它。飞钓轮的样式来自1891年，用它就像开着劳斯莱斯到处闲逛。一旦钓上一条漂亮的鱼，这个飞钓轮便会发出嘎嘎的声响，听起来就像一首胜利之歌，在你的心里回荡，也能让那些离你很近的人听见，让他们妒火中烧。

现在是早上五点一刻。

男人双脚穿着厚实的长羊毛袜，沿着一条多年来行走的

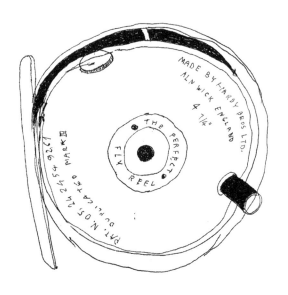

图1　用于飞蝇钓①的飞钓轮

在飞蝇钓中，飞钓轮具有抑制钓线的功能。在意大利语中，因其收放线的外形轮廓而被称作"鼠尾"。它是一种带有摩擦系统的旋转卷线器，可以防止上钩的鱼逃脱。

---

① 译者注：飞蝇钓，是一种使用极轻的拟饵模拟昆虫的假饵钓鱼，特色为使用有重量的钓鱼线来抛动很轻的假饵，主要针对有食虫习性的淡水鱼。有一些飞蝇钓的拟饵也会模仿小型甲壳动物、饵鱼和蠕虫。上图绘制的是完美哈迪牌飞轮钓。

路线，拖沓着静静地走过。他现在在浴室里，伴着涓涓水流刮着胡子。在地上，一个移动的障碍物阻碍了他的行动。这是扎克，一只猫。

袜子和猫开始了一场无声争斗。扎克的目标是用身体去蹭袜子。而袜子这边，由于穿在非常习惯这种进攻的脚上，可以熟练地对猫的臀部予以实质性的打击。袜子足够有力，可以成功地从脚上脱下，但不足以让这只猫冒着吵醒家里人的风险以示抗议地喵喵叫。这就是艺术。

终于，男人出门了。

意大利北部的一月末，大雾，四周伴有微弱的声音。天仍旧漆黑一片。整座城市覆盖着霜。

男人将那根接近4.6米长的、装有钓线、羽毛钩的鱼竿和其他工具的背包、一条涉水裤和一把折叠椅放进了汽车的后备厢。

因为他年纪不小了，有了折叠椅，他就可以更轻松地完成复杂的穿衣操作，而不用像一个杂技演员一样站着晃来晃去。

星期六早上五点半，在高速公路上开车穿过荒野后，男人到达目的地。

他沿着一条土路，在什么也没有的地方又行驶了数百米，然后停下车做好准备。

五十步开外，隐藏在迷雾中的，是一条从世界上最美的山脉流淌而出的大河。

河岸上的湿度很大，天气非常寒冷。男人坐在椅子上，先穿上涉水裤，又穿上毛毡底靴，看起来像一个登山者。靴子的鞋带在每一个鞋眼处都被拉紧，以防止被水浸湿的鞋带松动，让他的步履不稳。没有折椅的帮助，他需要停下来重新系好靴子，这种事情发生过太多次了。

男人的鼻子呼出两团雾气。现在他已准备妥当，握住鱼竿出发了。

脚踩在石头、干枯的树枝还有沙子上，一切都吱嘎作响。

冻结的水坑显示出其他人走过的痕迹。每个水坑上都有一个冰块碎了的网状图，看起来像是车祸后的汽车挡风玻璃。男人停下来观察这些水坑后松了一口气，这些脚印并不是新的。是有人经过，但应该是前一天。然后到了晚上，冰就变得更硬了。好吧。

一阵寒冷的微风预示着河流就在附近。就在这儿。这里看不到对岸。

在前方，只有一大片流动的水域。

"鼠尾"伸出来了。

并不是所有人都适合挥动近4.6米长的鱼竿。如果大部分飞蝇钓的鱼竿是花剑，那么近4.6米长的鱼竿就是亚瑟王的断钢圣剑。挥动它需要体力、力量和充足的准备，但最重要的是，需要对鲑鱼的渴望。因为那个鱼竿的存在就只是为了这个目的。

羽毛钩是"银样下东人"（Silver Downeaster）[1]，有一个不会造成伤害的鱼钩。男人用钳子折断了尖端，以避免捕获到一些在冬季繁殖的大型鳟鱼。对他来说非常重要的是：确定动作，测定距离，以及通过训练获得两米、三米、五米甚至更多的动作范围。

就这样，男人开始沿着河岸往下游走。抛投一次钓线，走一步。抛投一次，走一步。这就是他在北部的时候必须做的事情。抛投一次钓线，走一步。就像他现在做的这样，用一个不会有鲑鱼上钩的鱼钩来钓鱼。

---

[1] 译者注：Silver Downeaster是来自加拿大新不伦瑞克省的多克敦的伯特·迈纳（Bert Miner）发明的羽毛钩，是在二十世纪初期非常有影响力的鲑鱼羽毛钩。

海豹

"海豹，玛尔塔！"

"不好意思，啥？"

"海豹，玛尔塔，海豹！"

黑色的剪影出现在一片深蓝之中。

黑色的"鱼雷"翻转着游来游去。

杰森冲向海底，不明所以的玛尔塔全速跟在后面。

启程不到两周，玛尔塔和杰森正在穿越一片浅海区，到处都是大小不一、露出水面的礁石。

等着他们的是看起来又胖又长的能动的肥肉卷，但这些肥肉卷拥有非凡的组织能力，它们外表蠢笨，看似无害，水性却极佳。

杰森盯着这些入侵者，嘴巴朝下，用尾巴推动前进。玛尔塔看着他。

"我不喜欢像短跑运动员一样的突然冲刺，你知道的，我有我自己的生活节奏。"

"玛尔塔，海豹，下来！"

"下来……上来……杰森，这不是越野赛。我有我自己的节奏。如果顺利的话，还有几千公里要走呢，我也不想……"

杰森气喘吁吁。

"海豹，玛尔塔，现在不要跟我争辩，我什么都知道，费尔南多给我说过的。"

"和费尔南多一起过吧！你相信那条像是被拖拉机碾过的鱼说的鬼话。听着，我并不是为了不听到不看到他而故意离开，但不是很多……"

"海豹，玛尔塔，拜托！它们看起来像一根根快活的巨型香肠，但是它们速度很快，最重要的是它们的转弯半径非常短！它们是地狱的野兽，要吃有生命的东西，而且是无穷无尽的。"

"它们吃有生命的东西关我什么事？我也吃有生命的东西，但我不觉得自己像一头地狱的野兽……"

杰森撞了一下玛尔塔的脸，将她往下推，同时大声叫嚷起来，就像一条渴望被听到的鲑鱼会尖叫了一样。

"我们！我们就是他们要吃的有生命的东西！它们想要

吃我们，玛尔塔，你理解一下。他们看起来像是块喜欢翻筋斗的松散的波罗夫洛干酪，但它们吞鳕鱼的速度快到我不排除有鱼能从他们屁股整个被拉出来。"

"噢天啊，天啊，天啊……"玛尔塔没有再争辩下去，全速向下游去。

在他们上方，海豹收紧了包围圈。一方面有岩石，另一方面，出现了十只，也许二十只灰海豹。不止这些，他们身后还出现了其他海豹。一些鲑鱼碎肉落到了海底。四处光影明灭闪烁。像他们这样的其他鲑鱼正处于暴风中心，尽其所能地躲避像奥列佛·哈台①的胡须和脸。

玛尔塔肚子贴着海底，杰森就在她旁边。

"这是个很好的办法，玛尔塔。"杰森低声说道，"在海底保持扁平。这是费尔南多告诉我的。"

"费尔南多除了保持扁平从来没做过别的事，杰森！好好贴着地！对他来说，所有的战术都归结为贴在海底！不是说这就一定是正确的事……"

"事实上，玛尔塔，完全没用！"

说完这些话，杰森全速游走了——一张眼睛巨大的黑脸在他身边掠过。

---

① 译者注：奥列佛·哈台（Oliver Hardy，1892—1957），美国喜剧演员。

玛尔塔吓坏了，她竭尽所能地向能去的地方逃窜，杰森不见了踪影。

在他们身后，海豹正在享用盛宴。而在他们前面，只有一片深蓝色。

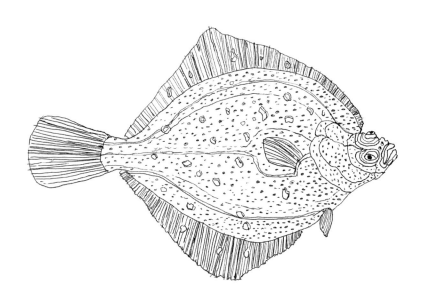

图2　大比目鱼

　　大比目鱼属于鲽科，生活在大西洋（大西洋庸鲽）和太平洋水域（太平洋庸鲽）。

再次卡米洛

与此同时，四月过去了。

每一个上苍分配给地球的星期天，只要暴风雨或者让冰川融化的高温没有把水变得浑浊，那个男人总在那里，在河里。

走一步，抛投一次钓线。走一步，抛投一次。

当他身后的河岸变得陡峭并且因空间太小而无法根据需要抛甩钓线时，男人用双臂完成了一个值得注意的动作。他向下——几乎贴近他的双脚——拉着露出来的钓线一头，然后将其从水面处拿起，扭转上半身将其抛到头顶，勾勒出一个大写的字母"D"，之后就用单　·流畅的动作向前抛线即可。

三十、三十五米长的钓线从飞钓轮中延伸出来，呈现在钓鱼人面前的是其姿态的力量感与优雅，随着最后的推动，羽毛钩被抛在了水面上。

而这一次，在尼龙钓线的末尾是有鱼钩的。

对男人来说，现在的问题是了解鱼在哪里以及它们想要做什么。这里说的是鳟鱼。

重要的是鳟鱼，鳟鱼是否有胃口——如果不是很饿的话。

当然，也要看鱼饵是否合它们的口味。但这还不够，还需要鱼饵和隐藏在那儿的鱼钩，移动到与鳟鱼相同或几乎一样深的位置。

但要再问一次：首先，它们在哪儿？

鳟鱼停留在河的什么位置，离河岸有多远，在水里多深的地方？

许多人以为它们在河床上，鱼类会以恒定且分布平衡的方式居住。他们还认为水面下有一张类似动物"地毯"的东西，或多或少很密集，覆盖了整个底部。但这是毫无根据的。

人类在地球上可能是以恒定和平衡的方式分布的吗？如果你们这样想，意味着你们从来没有在周日的早上去过宜家。

鱼也是这样。

河流的某些区域，鱼类是不感兴趣的。它们还去那儿做什么？

我们是否会无缘无故地在仓库、铁丝网、仓库和荒地之间的地方闲逛？不会。我们更喜欢在市中心和公园里散步。

我们涌向拥挤的大卖场、展览的开幕式或者电影院里去。

鱼也做同样的事情。

那么，钓鱼人在找什么呢？鱼的建材家居城，或者大型超市，现代艺术博物馆，甚至单纯散步的地方，在那儿或许有自大的年轻鱼与貌美的小鱼邂逅和调情。

这些就是那个鬼鬼祟祟的男人在寻找的东西。

而且如果他足够能干，能够看懂眼前河底是什么样的，他就会找到他想要找的东西。

而就在那里，在混乱中，在运动中，在对食物的争抢中，值得一提的是，鱼的防备，特别是最缺乏经验的鱼的防备会降低到犯下一些致命错误的程度。

当你们看到岸上的钓鱼人时，不要把他想成是一个非常平和、诚实、温和无害的绅士。你们错了。他会是一个无赖，一条迷人的蛇，一个滑头滑脑的陷阱制造者，一个狡猾精明的伪装者，一个说着甜言蜜语的奉承者。

大西洋

孤单

海豹使他们走散了，自海豹的那次袭击之后，玛尔塔已经独自游了好多天。

杰森不在身边了。没有人知道他在哪儿。每当玛尔塔望见一群旅程中的鲑鱼，便会靠近他们。

"你们见过一个健壮的小伙子吗？他尾巴很大，尾鳍下有一个小伤疤。"

但是很多鲑鱼甚至不明白她在说什么，他们大多数都是前往苏格兰、丹麦、瑞典或者俄罗斯的，那些地方的官方语言、方言都和她说的不一样。

玛尔塔只能继续这样，她也不知道还能做些什么。

如果杰森回去了呢？如果他回到因为海豹袭击而走散的地方该怎么办？

这是有可能的，玛尔塔心想。当人们在拥挤的地方走散时，这一般是正确的做法。

于是玛尔塔停了下来，不确定是否还要继续前进。

从遇到海豹的那天算起，她已经走了三十公里，也许四十公里。是否应该掉头回去，重新去找那片没有任何参照物的浅海区呢？而且还在一片大海之中，在这几千立方公里的流动的水域中，气味和振动都消失无踪。

"抱歉，打扰一下？"一群壮硕的鲑鱼出现在玛尔塔前方，她对着领头的鲑鱼说道。

"说吧，亲爱的。"

游在队伍最前端的是一条挪威鲑鱼姑娘，她也有着宽大厚实的身材。

"我在找一条鲑鱼，我们走散了。杰森，他的名字叫杰森。你们见到他了吗？"玛尔塔早知道答案会是什么，她明白问了也没用，这使她的声音显得支离破碎。果然对方立刻就给出了答案。

"亲爱的，我一刻都不会回头。我是队里方向感最好的鲑鱼，迫不及待地想要到达目的地。我们队是鲑鱼数量最多的队伍之一，我需要对他们负责。"

玛尔塔心情沉重地转身让开，她看着这些鲑鱼们以十五或者二十条为一组跟随着领头的鲑鱼姑娘。

他们中有一些游得较低，一些游得较高，以很不错的速度前进着，队伍逐渐消失在海洋的黑色当中。

二十、三十条鲑鱼，然后经过了另外的七八条，又跟上了二十条，队伍很长。

玛尔塔看着他们向前游去。她与杰森一起度过了四年，这样的关系在鲑鱼里并不是少数。她想念他和他那张保罗·纽曼[1]少了个鼻子的脸，也想念他和他嘴里总是会有的鳗鱼。

"他和他的……"有什么东西吸引了玛尔塔的注意。

"……嘴里一直会有的鳗鱼……"玛尔塔凝视着远处。

那儿，下方，在行进的鲑鱼队伍里，有一条鱼歪歪扭扭地游着。如果玛尔塔没看错，他嘴里还有条鳗鱼。

他嘴里有条鳗鱼，那个混蛋，看起来就是他。

果然如此，那个混蛋就是他。

孤单一鱼，杰森，跟在一群三公斤重的鲑鱼队伍后面，以一种奇怪的方式游着。

他的脸朝下，歪着身子吃力地游啊游。

玛尔塔朝他飞奔过去。

杰森似乎没有注意到她。他认真地游，精神不振，鳗鱼在他咬紧的牙齿间晃来晃去。

"杰森，你这个混蛋丑鱼，是我！"杰森猛然转身。现

---

① 译者注：保罗·纽曼（Paul Newman，1925—2008），美国演员、导演、制片人。

在那只好眼睛对着正确的方向了，他好像颤抖了一下，全速地游向了玛尔塔。

杰森的右眼无神。在右眼上面有一个爪印或者犬牙印，自下而上穿过。这就是他歪着前进的原因：为了用好的那只眼睛看见前进的方向。

两条鲑鱼之间的拥抱就需要我们靠想象了。没有手臂或者爪子，只能用撞脑袋的方式拥抱。玛尔塔和杰森就是这样抱的。

杰杰把已经死了好几天的鳗鱼吐了出来。

"我没有在吃它，那是你认出我的标志。我觉得把它叼在嘴里也许你可以认出我……"

"你是个傻瓜。"玛尔塔喜极而泣，"让我看看你那只眼睛。"

为了让她看一眼，杰森转过身。"我的视力至少损失了十分之六，但我打算恢复一下。"

杰森的右眼巩膜呈暗红色：曾有血渗出，但瞳孔是完整的。杰森说道："我躲过了那只海豹，还截断了另一只追你的海豹的路，但第三只海豹几乎把我的头都给吞了。"

"你为了救我，挡在了那只海豹前面？"

"我尝试去误导了它一下。"

他们互相注视着对方。

杰森露出一副无关紧要的样子，同时又用鲑鱼不存在的

图3 欧洲鳗鲡

　　欧洲鳗鲡出生在马尾藻海，随着洋流抵达欧洲海岸，在这里他们分散于河流、溪流和湖泊之中，到了繁殖的时期，它们又再次返回他们交配的海洋。繁殖的本能让生活在封闭水域中的它们在夜间像蛇一样在地上爬行，从而到达河流和大海。由于密集的捕捞和繁殖地点的气候变化，欧洲鳗鲡面临着灭绝的危险。

表情肌塑造出更坚毅的神态。

玛尔塔或许不该相信一个如此精心构建的救援故事。更有可能的是，杰森，像她一样，为了自己的小命像导弹发射一样火速逃走了。

但为什么不相信他呢？

想想有人愿意为你冒生命危险，难道不是更好吗？

为什么不相信那个家伙呢？他已经咬着好几天的烂鳗鱼，还指望靠它帮忙找到她。

在某些情况下，在某些特定场合下，一条夹在双唇间的过期鳗鱼，不也是爱情的象征吗？

一次有趣的相遇

在经历了许多天的不安与分别后，玛尔塔和杰森又开始了新的旅程。洋流帮了他们很大的忙，旅途的疲劳也是可以承受的。他俩享受着旅途，也会短暂地休息一下，吃一些鲭鱼，这是一种很容易找到并且营养丰富的旅行食品。

在一次休息期间，玛尔塔正品尝着一条竹荚鱼，杰森发现有个影子在靠近。并没有什么危险，靠近的似乎是一条体型更小的鲑鱼。这个陌生人也发现了他们这对鲑鱼，并且朝着他们游了过来。

"朋友们，muchachos①，monsieurs②！"

"他怎么这样说话呢？"杰森自问道。

---

① 译者注：西班牙语的"朋友们"。
② 译者注：法语的"先生们"。

这条鲑鱼追上了他们，看起来兴高采烈的。

他瘦瘦弱弱的，没有那种摔跤运动员的体格。他的尾部并没有像本应该的那样发育好，这说明这个年轻人很少运动。这换来的是，他非常善于交际。

"真酷！找到几个人。"

"你叫什么名字？"玛尔塔问道。

"科克。"

"你叫科克？"玛尔塔对这个充满异国情调的名字很感兴趣。

"是的。"

杰森喜欢确认清楚："科克？"

年轻人也爱解释清楚："科克，发音就像那个品牌卡帕，先生。也像卡特琳。"

杰森围着年轻人转："就像卡特琳。对的。"

杰森表面上平静的语气让玛尔塔有些担心。她了解自己这个头脑简单的同伴，于是一边警惕地看着在那边的陌生人，一边密切关注着杰森，而科克并没有意识到自己已经引起了杰森这条大鲑鱼的好奇心，他继续饶有兴致地四处张望，就好像他周围的一切都精彩非凡。

"杰森，友善点，让他说话吧。你还好吗，科克？"

"我好得很呢。"

小鲑鱼看着他们两个，脑袋随着仿佛只有他自己能听到的桑巴节奏舞动着。

"我只是完全不知道该去哪儿。"

杰森现在仔细端详起了他："你是做什么的，兄弟？"

"让他待着。"玛尔塔插嘴说道，"你从哪儿来的，科克？"

"从网里来。"

他用嘴指向他的背后。杰森和玛尔塔转身看过去。

"我没看到网。"杰森说。

"不在了。之前在那下面。"

科克对着一片深蓝的大海做了一个很大的姿势。

这俩人，玛尔塔和杰森，静静地注视着他，等待着科克补充点什么。

"好吧，就是，那个。您让我很尴尬。我该怎么解释？我和许许多多人都曾在一个网里，好吗？好吧。我之前就在那里生活。我有我的个人空间，总之，我过得挺好。但是。"

"但是。"杰森开始不耐烦了。

"但是。就在两天前，一个毛茸茸的庞然大物开始用嘴撞网，把网眼弄大了。其他人也和他到了那一块。然后在共同努力之下，他们给网开了个洞。一帮乌合之众。因此，总之，在那之后，一阵骚乱、动荡……"

"他到底在说什么，这人？"杰森低声说。

"而我，天刚亮时，绕了一大圈来避开这群流氓，然后就撞进了瓶塞口。"

"然后你撞进了瓶塞口……"杰森重复道。

"那些笨蛋够不到。"科克总结道。

"他们是海豹。笨蛋，他们是海豹，你可真够走运的。"

小鲑鱼似乎没有特别惊讶。

"天哪，多么幸运呀。我不知道他们是什么，但，不管吧。吃的什么时候掉下来？"

"什么？"

"我说，已经两天什么都没掉下来了。我们到底要在这干什么？"

杰森吃惊地看着开朗的科克。

"我之前习惯了一天吃两次，所以我说，他们不能就这样抛弃我。"

"听着，小家伙。"杰森的耐心耗尽了。

"我来给他解释。"玛尔塔说，为了避免杰森和他的嘲讽把这个小可怜脸都吓白，"在这里，网的外面，食物是不会掉下来的，你需要自己找食物。"

"怎么找食物？"

杰森飞快地抓住并吞下一条小指大小的鳗鱼。"这样。"

科克惊恐地看着杰森。

"您别再做这种事了。拜托了。如果您注意到的话，您吞下了一条刚会走路的小鱼。"

"听着，笨蛋……"杰森正要用鱼鳍搂着他。

"他是条被饲养的鲑鱼！杰森！他不知道！他一直被关到了昨天，你妄想什么呢？他跟我们不一样！他没有妈妈和爸爸！"

杰森努力地去理解并且没有再坚持。

现在这个陌生人害怕杰森，有些疑惧地看着他，但是杰森已经失去了争论的动力。他只是坚持说清楚："不管怎样，玛尔塔，他没有妈妈和爸爸也没关系，但总之，我之前有两万个兄弟，我爸也没有给我拉出来一个赌场，不是吗？"

"那我怎么办？我饿了。"这个性急的年轻人最终还是打动了杰森，杰森像是挽着年轻人的手臂。"听着，年轻人，你需要走自己的路。有些事情不需要解释，需要经历。现在你饿了，明天你会更饿。这种饥饿感，这种冲动会增加，直到给你力量去吃掉刚学会走路的小鱼。现在你会觉得这很奇怪，但就是这样。一旦你踏上你的道路，这就会发生。你的道路。就是这样。"

杰森用嘴指出了这个年轻鲑鱼应该走的道路："在那儿，那儿就是你的道路。"

"谢谢您，先生，但是……"

"在那儿，走你的路，那边。"杰森非常坚定地说。

"那我走了。"年轻人似乎明白了。

"在那儿。"

"在那儿。当然了。非常感谢。我启程了。可是小鱼怎么抓？"

"啊唔。"杰森做了个吞东西的动作。

"好的。"这条鲑鱼——瘦弱但有点被饲养出来的脂肪，虽然很少——向杰森指示的方向出发了。他头也不回地走了。玛尔塔目送他离去，他看起来比以往任何时候都更加孤单。

"或许我们可以做更多的事。那个男孩……"

"一个傻瓜。"

玛尔塔沉默了。你想要一个阿尔法男人①吗？这就是了。也不知道是福是祸。

---

① 译者注：一般是指在群体中游刃有余、一切尽在掌握之中的"老大型"男性。

再次卡米洛

优秀的抛线人时不时会出现在世界的某些地方。

我们可以在很多地方见到他们。集市、聚会或者一些需要尝试的新河流上。很显然，这些聚会是免费参加的。

卡米洛去过很多次。这些聚会总会让人想起一群食物和饮料的消耗者，他们快乐又健壮。

成为一流的抛线人并不意味着能成为优秀的钓鱼人，但这肯定会有帮助，因为这意味着你更善于让诱饵飞得更远、位置更精确。

那天晚上，在俄罗斯，所有人都坐在一家餐馆里，人们夸夸其谈，聊着如何将鱼饵抛得更远。在场有人喝醉了，下了一个赌注：抛"鼠尾"——就是那段可以让鱼饵向前被抛出的钓线，但并不是用鱼竿来抛它，而是用一根圆珠笔的笔杆。

这个人就这样做到了。所有人都走到外面，只见他抽出了圆珠笔的灵魂（笔芯），然后把钓线塞了进去，为了让钓线飞出来并且被抛得更远，他开始前后挥动这个塑料管子。最后他把钓线抛了出去，假饵掉在了地上，离他二十米远。

当卡米洛在大河的河滩上走着时，便想着这些。走一步，抛投一次；走一步，抛投一次。抛投一次，就更远一点；抛投一次，就更远一点，卡米洛这样想着。因为对于钓鲑鱼，抛线距离不同，结果也会不同。抛得越远意味着羽毛钩能探索的水域越远。另一个可能性是，或许可以拦截到一条正巧经过那里的鲑鱼。

一次危险的相遇

与此同时，玛尔塔和杰森已经重新启程了一段时间。

今天是旅行的休息日，他们要吃沙丁鱼。杰森眼角膜的伤已经好多了。完全康复是不可能的，但靠着好眼睛与坏眼睛，杰森足以看清，也不会错过追捕沙丁鱼鱼群的机会。玛尔塔已经吞食了十六条沙丁鱼。

"在那儿，下面，玛尔塔！"杰杰给她指着说，他又看到一群游成一团的沙丁鱼。

"我吃饱了。"

"没关系，玛尔塔，你只用把它含在嘴里……"杰森一边往那边赶一边说着。

"你想说什么呢？"

"吸它，来吧，来！"

杰森游到这群鱼下面，然后停下了。他摇着尾巴向后倒退了一大步。"玛尔塔，过来看。"

玛尔塔靠近了。

"这是什么？"杰森问道。

"好像是个同类呢。"玛尔塔低声说着，她仔细地观察着这个突然出现在面前的闯入者，"他不太好。"然后继续端详着。

这条鱼，当然了，是条鲑鱼，外表不算漂亮。他在水里摇摇晃晃，无法稳定地游，摇摇晃晃后又恢复正常。

当他们靠得足够近，可以很清楚地看到他时，玛尔塔吓了一跳。

"我的天啊！"玛尔塔向后退去。

"玛尔塔，别碰他。"杰森说着，插到了她和这个怪物中间。

"老天啊，他身上是什么？"

这条鱼已经变形了。一些肮脏的紫黑色怪物紧紧地贴着他，吞噬着他的肉体。他的鳞片上覆盖着胶状的结块，全身都有伤。侧边的鱼鳍都被吃了，皮肤已经呈碎肉状了。

他游得很慢，似乎没有看到他们。

"这是个僵尸，玛尔塔。美丽大海的僵尸。"玛尔塔躲开了，杰森继续说道，"费尔南多给我解释过，有些人死后会重生，发生这种事是因为念力或者陨石……"

"我无法再忍受费尔南多说的东西了。这位先生生病了，你想想办法。"

这条鲑鱼，很小一条，眼看着要朝着海底下降，毫无生机。它恢复了一点力气，又尝试着扇动鱼鳍，但没什么力气。

"先生？"玛尔塔靠近他说。

小鲑鱼筋疲力尽。

"我们能为您做点什么吗？"

"不，不……没用的。"垂死的他低声说。

"玛尔塔，退到后面去。僵尸们移动非常缓慢，但是他们也可以变得很危险。"

玛尔塔不听他的，"您这样多久了？"

鲑鱼努力地回应，但失败了。

"他已经走到终点了，玛尔塔。"

"快别再像牛仔那样说话了，找点事做。"

小鲑鱼恢复了一点力量，艰难地解释道："我不知道我这样子多久了，或许是一个月。这边以南，我刚从峡湾出来时，经过了一个巨大的笼子，是从那时候开始的。笼子里全是像我这样的年轻人。空中会掉下来免费的食物。我就这样在那里面扒了一阵子，然后就开始感觉不对劲了。"

"不会有人无偿地付出任何东西的。"杰森悲伤地指出。

"住口。"玛尔塔瞪了他一眼，然后靠近了病人，"我

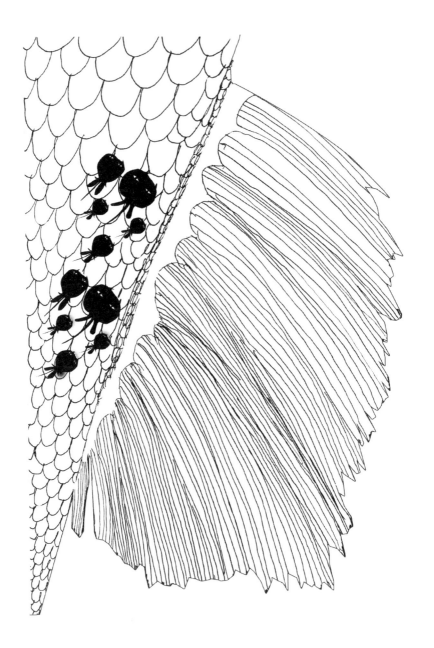

试试帮你剥掉一点那些东西，你别动。"

玛尔塔试着用嘴或者牙齿弄掉那些正在杀死这条年轻鲑鱼的寄生虫，但为时已晚。

年轻鲑鱼失去了意识，慢慢滑到海底。

他落在沙子上，肚子朝上。又动了两三下，然后静止不动了。

"他走了，玛尔塔。"

两条鲑鱼都沉默了。

"愿大地对他就像他对大地一般温柔。"杰杰低声说着。

玛尔塔点点头，尽管她很疑惑。杰森说的是哪片地？

杰森对他敞开了心扉，"我并不认识你，年轻人。但是现在你不在了，我像兄弟一样为你哭泣。"

玛尔塔现在不耐烦了，"快结束吧。"

"这是一段葬礼演讲，玛尔塔。我从费尔南……"杰森及时停住并改变了说辞，"我从……心底感受到的。这是所有人内心深处的话，当……当合适的机会出现时，这些话就会自然而然地说出来。"

"当然了。"

"我是一个阿尔法男性，但是有很强的女性成分。"

"确实。我们走吧，杰森，我们什么也做不了。"

他们继续前进了，而小鲑鱼就在那里，失去了生命。他的躯体向右滚动一点，又向左滚动一点，这完全取决于水流的方向。

"杰杰，你能帮我个忙吗？"玛尔塔说道。那条鲑鱼的残骸已经看不见了。

"当然了，亲爱的。"

"不要再引用任何人说的话，不要再向我解释，不要再对我提起那个名字，你知道我说的是谁，平静地过你的生活。我非常爱你，我也非常开心和你一起旅行，但是请你把关于那个大笨蛋费尔南多的记忆和想法都留在家里，留在那个遥远的世界，留在那个或许我们再也不会回去的地方，好吗？你能答应我吗？"

"当然了，亲爱的。"

"如果你明白我跟你说的话，你就给点个头。"

杰森点了点头。

"僵尸。"玛尔塔出发了。杰森跟在后面。"我还和你一起生活呢，你可是一个瘾君子的朋友，他还可能是由海底带电的蠕虫构成的。"

杰森不喜欢玛尔塔这样说费尔南多，但为了安静，他更喜欢保持沉默。

钓鱼

在那下面，在那铁色的水下面，有没有鱼，是哪种鱼，大不大，有多大，这些想法令人着迷。

好极了，你们会说。这般想法令你着迷是因为你是个钓鱼人。

但是现在，我想让所有不在乎这些的人，试着从另一个角度看待钓鱼。

为此，我必须从遥远的事情讲起。

在我们人生的最初几年，发生在我们身上的一切都令人惊奇、十分神秘。事情的发生似乎没有任何理由。气球系在一根绳子上，如果你放手，气球就会飞走，再也不会回来。这些事情发生着，但我们不明白其中的原因。

然后，随着个人的成长，我们逐渐有了思考事物发展的能力，以此来磨炼我们预知一个行为引发的后果的能力。

这首先是为了保护我们自己。要是我们将一根手指放在燃烧的炉子上然后就忘了，我们的生活质量就永远不会改善。

这种预知事情的能力简化了我们的生活，但也让我们的生活变得不那么特别了。

我来举个例子：如果那个借了你钱之后就再也没有联系你的朋友打电话过来，你的惊讶将会是短暂的。紧接着，你的经验会告诉你，他打电话的原因更多是试图从别人那里借钱，而不是将那些你已经不再指望还给你的钱归还你。

我们中最富生活经验的人知道事情是如何发展的。他们想要感受惊奇，因为惊奇这东西就像一个在胸口膨胀的热气球，但是他们再也感受不到了。

而在钓鱼这件事情上，你永远不知道接下来会发生什么。

把鱼钩放在这儿而不是那儿会发生什么。

在鱼钩上放这样的而不是那样的鱼饵会发生什么。你去感知它，去思考它，但你无法预测它。

如果鱼钩下水太深怎么办？或者它浮在水面上怎么办？

你可以假设，但你无法预测。你只能希望事实和你预想的一样，但事实也可能不是。你也许可以钓到一条鱼，但这或许只是碰巧，尽管你在重复一模一样的行为动作，你也有可能钓不到鱼。在钓鱼这个事情上，没有什么是确定的。

因此，就会发生这种事情：当一个小信号告诉你，你正在做的事情是对的，而且一条鱼即将上钩时，你将感受到一种巨大的快乐在全身蔓延。

尤其当你能再次品味这种幸福，像是品尝一大口无形的蛋糕。

走一步，抛投一次。走一步，抛投一次。六月即将来临。

传染病

与垂死的鲑鱼相遇一周后，玛尔塔开始感到不适。她很虚弱，偶尔还会失去平衡，但他们都把这归咎于旅途的疲劳。然后有一天，杰森问道："你那儿有什么？"

"哪里？"

"靠近尾巴那儿。"

"有什么？"

"一颗痣？"

"我从来没有痣，只有美丽的斑点。"玛尔塔争辩道。

"等等，别动，让我看看。"杰森靠近了尾巴处仔细看着他的同伴。

在靠近尾鳍的地方，有一只黑色怪物驻扎下来，探出了脑袋。这就是几天前，入侵并且杀死那只年轻鲑鱼的怪物之一。

“那是什么呀？”她问道。

杰森的心都凉了。玛尔塔患了那个病，那个不为人知的病，和那条年轻鲑鱼一样的病。杰森不知道该说什么。

“所以是什么呀？”

“没什么，是海藻。你沾上了一点点，但已经没了。”

“可我感觉很痒。”

“是心理作用。我给你说那有什么，你现在就觉得痒。就是这样。”

“可是那有什么吗？”

“我觉得是个痘痘。一个……一些……你知道……皮肤方面的东西。”杰森想哭了，“可能是你吃的什么东西。昨天的鲭鱼，可能不太新鲜。”

“不新鲜？为了抓它我流的汗都可以打湿七件衬衫！怎么就不新鲜了？”

“不新鲜。眼睛黯淡无光，玛尔塔。鲭鱼如果眼睛暗沉、凹陷，就不新鲜了。”

“这是谁告诉你的？”

“没有谁。”杰森学机灵了：他再也不会让他的朋友费尔南多的名字从嘴里溜出来。

“你知道的。”

玛尔塔盯着他。

“这是众所周知的。”杰森补充道。

"算了，我不想说话，我呼吸很困难，你知道吗？"

杰森绝望了，但他不想表现出来。

"你需要鳕鱼吗？你越把它往下拽，它就越把你往上拉。"

"不了，亲爱的，谢谢，我可能要停下来休息一会儿。我需要氧气。"

另一只怪物，那些长着腿的寄生虫里的一只，从玛尔塔的鳃里探出头来。杰森假装没有看到它。

海底现在有很多岩石。呈长条片状的沙子，给岩石留出了位置，一群群海螯虾在海底漫游。

杰森心情沉重。他什么都做不了。

他已经看到了被那些东西附身的人的结局，他们会死。

他们需要一个奇迹。一个上帝创造的奇迹，上帝创造了他们，还创造出了其他所有东西，他创造出了扁平且懒惰的大比目鱼，甜美好吃的鳗鱼，还有和那些从水面跃起升到空中的星星一样的海星。那个上帝现在不在这里，如果在的话，他一定在考虑别的东西。他知道如何打造河流和潟湖，却不留意他的孩子们。该死的上帝惩罚那些试图行善的人。他还创造了没用且作恶的海豹，而且……

杰森不知道该怎么结束他内心漫长无声的咒骂。

"我们能停停吗？我好累。"玛尔塔不能再继续游了。

"当然了。"

"小虾、小鳕鱼、鳀鱼？我帮你挑刺。"

"不了，真的，谢谢，今晚跳过。"

杰森转过身来掩饰自己的情绪。

"你跳得确实很好。就是说，我是想说，一个文字游戏。我知道你的意思。不论如何你真的跳得很好。不是说跳过晚餐，是指跳出水面，我说，我喜欢你。"

"有什么事吗，杰森？"

"什么也没有。我不能说我喜欢你吗？我爱你。"

"我也爱你。你介意我休息一会儿吗？"

"休息吧，睡会儿吧。睡觉总是好的。我在这附近逛逛，让你睡个安稳觉。"

与此同时，其中一个紫色东西出现在了玛尔塔的鳃上，另一个占着第一个让出来的位置在向外张望。杰森看到这一切，沉默了。他用尾巴推动着自己游远了。鲑鱼不哭。

为了发泄一点心中的怒火，他很想把一条经常在附近闲逛的鮟鱇鱼的头摘下来。但也只是想想而已，然后就此忘记。

由此看来，鲑鱼感觉悲痛时，作恶的本能并不如其他一些两条腿的物种那样明显。

于是杰森变成熟了。他开始努力让玛尔塔最后的日子过得快乐：这比在她身边屠杀要累得多，却更有用。

48

A

B

C

图4 鲑鱼寄生虫

养殖鲑鱼的笼子里鱼非常多，密度很大，这有利于海虱附着在鲑鱼的皮肤上，并引发溃疡和严重的感染。

A. 短鱼虱（*Caligus curtus*）

B. 鲑疮痂鱼虱（*Lepeophtheirus salmonis*）

C. 华丽鱼虱（*Caligus elegantis*）

玛尔塔情况恶化

日子一天天过去，玛尔塔情况越发糟糕。她勉勉强强地游着，时不时抖动一下，像是想要摆脱掉一些甚至她自己也不知道是什么的东西。

杰森任由自己的心变成石头。为了让玛尔塔毫无察觉，他让眼泪都流进了自己那颗坚硬的心里。

前往曼达尔塞尔瓦河的旅程还在继续，即使杰森现在对旅程和目的地都已经不感兴趣了。为了不引起怀疑，他继续在散布于海底的鳕鱼之间奔波，扮演着一个鲁莽轻率的角色。

他惊吓着这些鳕鱼，一会儿全速前进，一会儿又放弃追捕。他让那些最谨慎小心的鳕鱼都振奋起来，然后继续追着它们，以此来逗乐玛尔塔，而玛尔塔游得无精打采，一言不发。

到处都漂浮着大片的海藻，一次海啸将它们从海底顺着洋流拖拽了上来，这些海藻让旅途变得更混乱，令人不适。

就在这混乱之中，命运的捉弄让玛尔塔和杰森遇见了玛蒂娜和比格尔，这对马尾藻海的朋友比他们早一个月离开的。

"杰森！真走运！"比格尔是最先看到他们的。

"玛蒂娜！"玛尔塔看到她的朋友惊呼道。

"世界也太小了吧。"杰森吐出一句，他也没有心情客套。

"好吧，你知道的……路就是这条。"比格尔说道。

"但是你们比我们先出发一个月……"玛尔塔还在努力聊天。

玛蒂娜解释道："我们走得很休闲轻松。我们逛了整个海岸，在一个很棒的地方待了一阵子，那里有很多美味的海螯虾，然后这个笨蛋还打算尝尝海胆。"

"我非常清楚那是什么。"比格尔辩解道，但立即被玛蒂娜打断。

"好几个小时，玛尔塔。我花了好几个小时才用牙齿把他嘴巴鼻子上的刺给拔掉。"

"直觉上我是不信的，但是既然我妈妈总是告诉我，我必须品尝整个……"

"你听着这像话吗？你们觉得呢？"

"好极了。"杰森连忙说道，"如果我知道你们会提前走的话，我们的旅行就特别棒了。我们没有停留过，径直走着，方向非常确定。我这里有指南针。"

"哪儿呢？"玛尔塔问。好几次她都叫回了奔着北极去的杰森。

"这儿。我里面。哪里？我与生俱来。"

当杰森讲述与海豹的相遇时，玛蒂娜专注地观察着玛尔塔。然后，在杰森没有注意的瞬间，她向比格尔使了个眼色。他们两人继续聊这聊那的，却掩饰不住尴尬。他们注意到玛尔塔的身上有一些寄生虫在动，而且靠近他们朋友尾巴的皮肤已经被撕破了。

比格尔和玛蒂娜试图和他们两人保持距离。

他们真诚地去问那是什么的时机已经过了。要么就得立刻问，要么就永远不要问。

是装作什么都没发生，还是寻求更深入的解释因此走上经历痛苦的过程，这个选择是自由的，也很难判断哪种更好，而且还要考虑到这两种选择都是毫无用处的。

最好的情况就是这样，他们什么都别问，杰森心想，他盼着这个会面尽快结束。

他们四个又在剩下的路上聊了一会儿，但说的都是废话。没有人有兴趣深入话题。

在这一切之中，没有人是坏的，这是生存的本能在起作用。如果所有人都要负担那些生病的人，我们早就灭绝了，而死亡，无论我们怎么做，都只能独自面对它。整个宇宙都知道这一点。

"我就不亲你了，因为我的嘴唇都被虾的钳子弄裂开了。"玛蒂娜说。

玛尔塔该明白了，杰森心想。

比格尔和玛蒂娜再次踏上了旅程，他们告别了杰森和玛尔塔，并承诺说会在曼达尔塞尔瓦河汹涌的河水中再次相见。

玛尔塔和杰森也继续前进。他们更安静了。跟随着玛尔塔的脚步，他一言不发。

她当然意识到了这一点，杰森还在想。

"他这么沉默究竟是怎么回事？为什么包括我在内的所有人都表现出了羞愧感？玛尔塔肯定知道。她正在死去。那装作没事有什么用？我现在就要告诉她。我就这么说。"

杰森在心里尝试着开口。

"我就这么说。"杰森一边想着一边停在了那里。他陷入沉思。

"玛尔塔，我必须要告诉你。其实并没什么大不了的事。相反，不，确实很严重，玛尔塔。我希望它是发生在我身上的，而不是在你身上。我们就是这样，像狂欢节时被扔出去的彩色纸屑，任凭命运的气息吹动，受它摆布。"

杰森编纂了这个想法后，还有一些其他类似的想法，尽可能地找了其他可以用的修辞。他觉得自己是个白痴。然后，他向玛尔塔靠近，而玛尔塔已经在海底一动不动。

杰森很担心地冲向了她。

"玛尔塔！"

"妈妈。"

"笨蛋。"她在说胡话了，杰森心想。

"我梦到了我的妈妈，"玛尔塔仍然很困惑地说道，"她说向前进。"

"当然了。"杰森松了口气，"我们再等等，天一亮我们就再出发。"

"是的，我们等等。还有好多梦正钻进我的脑子。明天我们再出发。"

曼达尔塞尔瓦河!

又是一天的旅程。玛尔塔依旧步履蹒跚，杰森慢慢地跟在她后面。

杰森有两次都想进入一个小海湾，他坚信这是前往那条河的路。而两次，玛尔塔都闻了闻水，然后像侍酒师一样细致专注地将水过一遍鳃，然后说不是。

路是对的，水也有童年的味道，但还不是去往那片土地的时机。总是少了一些东西，一种颜色，一种信号，一种让她确信走到了正确方向的味道。然后在下午过了一半的时候，她筋疲力尽，说就是这儿了。

就是那儿，他们需要从那儿回到他们出生的那片水域。在那里，他们要朝着表面有海岸的昏暗黑色的方向前进。

不到两个小时，他们就到达了曼达尔塞尔瓦河的入海口。玛尔塔很确定。

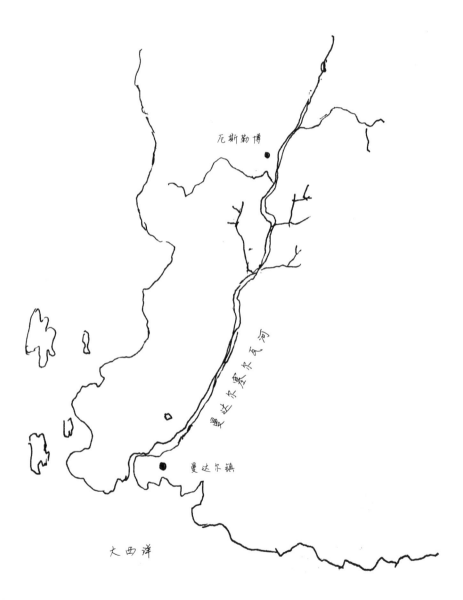

厄斯勒博 ●

曼达尔镇 ●

曼达尔瓦尔瓦河

大西洋

杰杰也证实了这一点，然后他们就行动了。

他们进去了。

然后向上游。

水是甜的，很清新。他们感受着水流，周围的颜色更加鲜明了。水底变浅了；在这两条鲑鱼身下，没有一千米或者两千米的水深，甚至没有一百米。一切都沐浴在阳光之下。玛尔塔艰难地前行着。"多美啊！"她说。

"这不算什么。"杰森说，"现在你感觉到了水的甜味，然后你将尝到一点点苦味、涩味和杏仁的香味。"

"那是什么？"玛尔塔问道。

"河水是鸡尾酒。"

"谁告诉你这个的？"

"费尔南多。"

"我确信。"

到下午了，玛尔塔很累。她身上的寄生虫在增多，尾巴侧面的鳞片也脱落了。

杰森明白是时候休息了。

"现在我们停一下，我看看周围。我刚刚看到一个有趣的菜品，一些古怪的胖乎乎的鱼。"

"那不适合我，现在我什么都不想要。"

"我是给你说的，我也没胃口。但你确定不想尝尝那个家伙？"

"谢了，真的不用了。"

夜幕降临，玛尔塔靠身体的一侧支撑着。她或许睡着了，或许没有。

杰森再也受不了了。

他又大又壮，但在与之对抗的东西面前却什么也不是。他无能为力。

他跳出水面，只为了发泄一下。然后又回到水下。

杰森之前总是在咒骂，为了保持前后一致，现在他也不祈祷了。他带着空虚的感觉等待着，就像所有等待奇迹的无神论者。

然后，大约在凌晨两点，当他好像也在打瞌睡的时候，两条鲑鱼身上映出了青蓝色的、紫色的和蓝色的光。不同的闪烁光线从上面落下，将水底着了色。杰森醒了。

他看向水面，就是从那儿发出的神奇光芒，光芒变换的速度像虾巡游的速度，紫色、绛红色、绿色和蓝色。然后又是紫色和翠绿色。

这时，杰森向上游并探出头，看了片刻。

天空洒落无数亮点，最令人惊奇的是，那些色带遍布了整个天空，从右到左流动着，起起伏伏，像是暴风雨中的海浪。

一个巨型的彩色扇子在开开合合。杰森忘记了自己是一条鱼，呆呆地看着。

这是什么？什么样的力量是这一切的主人？谁在挪动这些遮盖了天空的颜色？面对这一切我是多么渺小啊，而我又多么幸运能够看到这一切。

杰森回到河底，回到玛尔塔身边。他想要叫醒她，但是那些光芒已经暗下来，一切都快结束了。他明天再将这个神奇的事情告诉她。

他小心翼翼地靠近玛尔塔，不想打扰到她。他靠在她的身旁，等待黎明的到来。时光流逝，黎明到来，杰森在睡觉，玛尔塔把他叫醒了。

"你又睁着眼睛睡觉了。"

"玛尔塔，我没有眼皮！你也是睁着眼睛睡觉的，但或许我会吵醒你，我……玛尔塔？"

"嗯？"

"玛尔塔，你感觉怎么样？"杰森端详着她。

"嗯。"

"不是，我看你好像好点儿了。你感觉怎么样？"

"是的，我好点儿了，一点点。"玛尔塔虚弱地笑了下。

"不是一点点，玛尔塔，你没有那些东西了！"

"什么东西？"

杰森围着他的同伴转了一整圈。消失了。那些鬼东西，讨厌鬼，吸血鬼，它们不见了。它们不见了。

"玛尔塔，抬起你的鳍。"

玛尔塔抬起了鱼鳍。

"不见了。"

"谁？"

杰森没有回答她，也没有等待。他全速向前冲刺。他疯狂摆动了自己的尾巴十下，加快了速度，然后再次加速，一边加速一边大喊大叫。

"上帝奇迹！我知道这是神迹！！"

杰森像鱼钩上的鳕鱼一样在河里上下乱窜。

"绝美的上帝！！最棒的上帝！！"

杰森唱着一首现场创作的表白造物者的歌曲。

"我是谁，我之前对你说，说你是块泥巴……"

玛尔塔不知道该怎么办。

"我错了，我犯大错了……"

杰森现在唱的歌介于说唱和拉美音乐之间。

"一个发生在我这个大罪人身上的奇迹，一个发生在我这个你了解的大蠢蛋身上的奇迹，哦上帝，我爱你，事实上，从今天开始，以及未来永远，我都爱你。"

"结束了？"

"真酷，科克会这样说。那个我亲过的年轻人哪儿去了？"

"杰森，你还好吗？"

玛尔塔不仅更有活力，而且气色已经开始恢复了。

"让我自己待着，女人！让我享受！如果我决定周五不吃鱼了，你怎么说？这可是个善举。"

"如果你问我，其实我也不饿。"

"真奇怪，我也不饿。"

杰森一下子晃到玛尔塔面前。

"玛尔塔，你知道我之前很担心吗？我以为你病了，在我看来你是真的生病了。但是我不能告诉你。然后昨晚我祈祷了。我这么做是因为我看到了那些光，当然了，不然我也不会祷告，我诚实地告诉你这些，愿上帝原谅我。总之，我当时把头探出水面，看见那些颜色在变化，一个接一个，你知道吗，巨型的色彩带。一切都很巨大，在它们面前我感觉自己很渺小，你想象一下，我，多么奇妙，然后一切都平静下来，结束了。在那儿结束了，你也痊愈了。就是这样。"

杰森终于说完了，待在那里。一段艰难的时光刚刚结束。玛尔塔熬过了这段艰难的时光。

玛尔塔在他面前随波晃动："你知道吗？当我们找到淡水的时候，我感觉更自由了。"

"还有好多事在后头呢。"杰森恭敬地小声说。

杰森又开始回忆那个神奇的夜晚，宇宙和造物主用不成比例的过于巨大的力量解决了一个需要解决的问题。所有那些发射出来的布满天空的颜色，一个宇宙大小的彩色手风琴：所有这一切都是为了治疗一条鲑鱼。杰森觉得自己不该想这么久的。为了避免不小心错骂了什么，他禁止自己再去想了。他很幸福，这就足够了。被神迹治愈的病人不一定非要明白一切是为什么并且是如何做到的。

一个特别的晚上，他们都活了下来。这个神迹被浪费的晚上。

对鲑鱼来说，这样的夜晚不是常有的。或许对于任何其他生物，这样的夜晚都不多。

一个把不可能变成可能的夜晚。杰森一边吃得津津有味，一边想着。

他不知道，当像玛尔塔这样的鲑鱼抵达淡水水域后，那些攻击玛尔塔的寄生虫就会脱落并且死亡。如果鱼能活下来就会痊愈。

这当然是大自然的奇迹，但是因为很常见，所以大多数人并不认为它是一个奇迹。

比约恩

同一个晚上，同一个地方。

天空中一个巨大的彩色扇子开开合合。比约恩忘记了自己是人类，待在那里观看着。

他独自一人，站在六米长的船上。黄昏时分，他驶出了比港口稍微远些的海里，捕捉螃蟹和鳌虾。

而他现在就正好在曼达尔塞尔瓦河入海口的正前方。

在挪威的南部，人们很少能看到北极光，夏天更是极少见到。气候变化正在造成一些不可预见的影响，这些纬度能见到的北极光就是某些事情正在发生变化的确凿证据，比约恩想着。他仿佛回到了青少年时与父亲一起去打猎然后独自待在北方的时光。在那里，北极光更为频繁，尽管每一次都能看到十多条极光，他还是会仰着头一直看着，直到把鼻子冻僵。

螃蟹和螯虾喜欢在黑暗中行动，要捕捉它们，就需要知道放置陷阱的正确位置，将陷阱落到海底，等待一段时间，让一些不幸的甲壳类动物做出错误的选择，然后迅速收网，否则落入陷阱中的大量甲壳类动物会吸引一些海豹的注意，这些海豹可能会打开陷阱。

男人一动不动，手里握着挂着最后一个捕鱼篓的绳子，欣赏着这个景观。比约恩是个彪形大汉。穿上他的靴子，戴上先人们戴的那种带角的头盔，他的身高将超过两米。俨然像是那些让人害怕的、从破木头船上走下来的人，这些人去其他国家，往往是为了获取一些在他们国家找不到的东西。

在海岸的黑暗中，比约恩看到了许多广播和电视都在谈论的火灾发生处。持续数月的干旱和令人抓狂的高温有利于火焰的蔓延，为数不多的消防员想方设法去控制火情。在那里，他甚至可以闻到木头烧焦的气味。

现在，北极光要让位于真正的主角了。就在这时，离船不到十米的地方，一条令人难忘的鲑鱼从水中一跃而起。比约恩训练有素的眼睛预估它有十五公斤重。

这条鲑鱼又跳了一次，甚至不到片刻又跳了第三次，接着是第四次和第五次，在这之后它好像在水面上冲浪了几秒钟。最后它消失了，再也看不到了。比约恩从没见过这样的表演，甚至可以说是一场戏剧表演。显然那是一只活泼的鲑鱼。然后，其他鲑鱼，或多或少重量都有点大的鲑鱼，现在

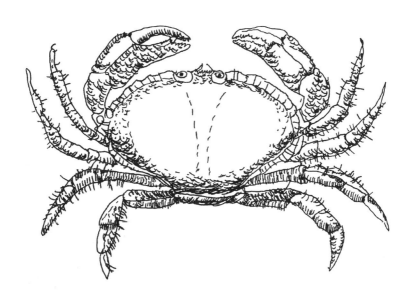

图5 普通黄道蟹

    普通黄道蟹（*Cancer pagurus*）在北海水域和大西洋很常见。重量可达三公斤，直径超过三十厘米。它因肉质鲜美而被商业捕捞。

轮到它们开始跳了。

似乎有数百条。

但没有谁的表演像第一条鲑鱼那样壮观。那应该算是一群人中真正可以吹牛的人。

比约恩拉起了最后一个捕鱼篓，提起锚离开了。

他在这个故事里，是一个间谍，一个叛变的坏蛋。

"是时候通知我的意大利朋友了。"他心想。鲑鱼到了。现在我们只需要等待下雨。

卡米洛

即便到了六月，挪威也不会下雨。

挪威仿佛在上帝住的房子屋檐的排水槽里，那里全都是水：从山上流下来的水，或者汇集在湖泊和池塘中的水，从冰川成块跌入充满水的峡湾的固态水，渗透在山峰和岩石间的水。从北方的天空落下的水，被风与寒冷冻结，变成雪花，呈螺旋状缓慢地飘落，覆盖在森林和山脉上。如此充沛丰富的水资源，将这片土地变成了厚厚的海绵，人们几乎无法在上面行走，因为到处都是水。

然而，就是这样一个国家，在2018年的夏天，一滴雨也没有落下。

没有下雨。生活在曼达尔镇的挪威人在海里游泳。三十度。六月平均气温三十度，七月平均气温三十度。有史以来最热的夏天。

而且鱼也不会溯流而上了。

河水流量不足、反常，而鲑鱼需要在足够安全的情况下才会洄游。它们需要河流有大量的水，这可以让这它们在最困难的路段有更多的路线选择。

卡米洛每天都会查看天气预报，虽然他非常清楚未来四天或者五天的天气预报包含了玩骰子所需的相同学问。

支撑他这样做的动力是他希望能稍微预见到即将到来的坏天气，就是他之前到北方旅行时的那种坏天气。当时下了非常多的雨，以至于他不得不穿上两件防水夹克，而不是只穿一件。

但2018年不是这样。到目前都还没有下雨，预计也不会下，甚至挪威南部海岸还发生了一连串的森林大火。意大利的电视新闻也谈到了这一点。如果今年继续这样，那今年将没有走一步抛投一次，也没有鲑鱼了。

跳跃

"杰森？老杰森？看！"

可能因为这一天很美好，或者是因为她单纯想这么做，玛尔塔又出色地跳了一下。

一个值得拍下来的跳跃动作。

她从水中跳出很长一段距离，嘴巴朝上，尾巴朝下，然后半翻转，让空中的自己在水平方向笔直地伸展开，最后嘴巴朝下，尾巴朝上，向下落进平坦舒服的河口的冰冷河水中。杰森钦佩地看着她。

"那么，看到什么了吗？"

玛尔塔现在就在杰森面前，直视着他的双眼，微微动了下头。

"不错，但是入水的部分可以说一下。"

玛尔塔嘴巴直直地指着杰森的嘴。

"有什么要说的？入水的部分？让我们来听听你有什么可以说的。"

"永远不要挑衅这个女生。永远不要。"杰森心想。

"让我们听听。"

"你是用身体侧面入水的。"

"哦，是吗？"

"是的，你的那一跳很有力、醒目，那个翻转非常漂亮，尾巴也是对的，但回来时用的侧面。"

"我必须用侧面入水，这是对的。"

"你击起的水花太多了。"

"啊，这样做对你来说有问题吗？"

"不，这对我来说不是个问题，你想击打起多少水花都可以，但为了风格的正确性，他们都用腹部落水，这样纵倾角会更好，敏捷又和谐。"

"听着，帅哥。听着，大帅哥。"

玛尔塔现在直接把脸贴到了杰森脸上。

"永远不要再说什么了，永远不要。"杰森心想，"亲爱的女人，热情，精力充沛，臭屁，但是天哪，却有不能反驳的像难缠的泥浆一样的性格。"

"你好好听我说。我是雌性，雌性跳跃的时候，需要用侧面入水的方式来保护装着鱼子的肚子。这就是为什么我的跳跃是正确的，而你确实一无所知并且永远舒适地待在你无知的肮脏贫民窟里。"

杰森惊呆了。他之前并不知道，但这是合乎逻辑的。雌性鲑鱼必须这样跳。他可以自己想明白，并不是说作为一个阿尔法男性，就可以因为本能永远没有深入了解的渴望。

"如果你身体有外部睾丸，你也会侧身落回水里的，明白吗，小帅哥？你不会想用那两颗球着陆的。"玛尔塔总结道。

"外部睾丸？"杰森十分惊恐，"那是什么意思？"

"就是我说的意思。如果你的身体外部有生殖器官，你就会非常小心在哪里着陆以及怎么着陆。我可以向你保证。"

"外部睾丸？"杰森被这个想法震惊了，"什么生物可能会有外部睾丸？"杰森惊讶万分，"哪个造物主会产生这种想法，强加给他所创造的生物外部睾丸？你解释下。"

玛尔塔现在看着杰森，就像看着一条乌贼的触手一样，但杰森还在继续说话，"只有这个想法是荒谬的。造物主可不是傻瓜。生殖器官是非常娇嫩的。如果他把它们放到外面，对我们雄性鲑鱼来说，我们现在将过着地狱般的生活。如果我们不停在那儿考虑它们，我们就再也不能掠过小石块或者在两个大石头之间溜走了，也不能待在一块平坦的岩石上，靠我们的肚子保持平衡，等待虾子进入我们的嘴巴，玛尔塔。那将是最荒唐的事情。就像常识一样，造物主将这些有着重要功能的器官放到了里面。"

"是的，但你应该保持冷静，杰森。"

"哈哈，我笑了。挂在外面的球。早上好呀晚上好。"
杰森宣布提问结束，随着一阵加速，他游去了他可以感觉到
水流的地方。

"我确定了：我和一个白痴在一起。"玛尔塔心想，然
后不情愿地吃起了鳀鱼。

卡米洛的思考和行动

在意大利北部，平原上的河流几乎都干涸了。许多种类的鱼已经消失了，幸存的鱼类数量也减少了。然而河流相对几年前，平均而言，却更干净了。净化设备的改善和制造行业的经济危机改善了水的质量。

但河流是空的。

因为鸬鹚要吃鱼，这些鸬鹚曾经是不在这里活动的，或者如果有的话，曾经也是数量有限的，最主要的是它们并不在这里定居。

在平原上，清澈的河水中，河床由鹅卵石铺成，没有悬浮的泥浆把水弄浑浊，这些鸬鹚从水面上就可以清楚地看到鱼，然后再钻进水中捕捉它们。

这些鸟能憋气很久，它们的胃口也是无法估量的。它们是受保护的物种，但没有人来保护鱼类免受它们的侵害。

因此这些鸟成倍地增加，并在几年内将这里清场了。

即使是那些大鱼，我们北方河流的大型捕食者，斑鳟和白斑狗鱼，虽然体型比鸬鹚大，鸬鹚无法吞下，可是它们也在消失，因为没有更多的食物可吃了。

仍有一些鳟鱼和鮈鱼，他们生活在水更深、水流更湍急的地方，还有一些鲤鱼和新来的欧鲌及少量的其他鱼。

然后就再也没有人去河里钓鱼了。所有运动钓鱼①的人都去湖边钓鱼了。在那儿肯定是有鱼的，因为除了专门有人将鱼放进湖里，还有人不厌其烦地靠双管猎枪"说服"那些鸬鹚不要在那儿捕食。

在运动钓鱼的湖里钓鱼就像是在平角短裤里找豌豆，总能找到些东西。但真正的钓鱼是另一回事。

钓鱼意味着孤独。当我们沿着河岸冒险，首先要做的就是照料好自己。

这意味着我们要知道在哪里铺设钓线，以及我们是否可以判断这是水流允许的可以进入水里的时机。

我们要意识到自己是有两条腿两只手的，它们都要被用上。我们应该注意脚踩在哪里，计算要走的路程及其困难程度。

———————

① 运动钓鱼，是为了娱乐或竞争而钓鱼。

这是一个体系，虽然不是唯一的，然而是有效的。

一根接近4.6米长的鱼竿以规律的节奏在空中挥动。

卡米洛将鱼竿扛到肩上，先轻轻地将钓线从水中提起，然后上半身旋转，并同时弯曲长长的鱼竿，将抛掷引导至所需的方向。

每一抛都像是往墙上凿一下，接连不断地凿数百次，卡米洛沿着河岸向下走去。

钓线在空中伸展开，画出一条连续的弧线，带着羽毛钩飞到了几十米外的地方。

除了最初因为钓线离开水面造成的水花轻微飞溅的声音，没有其他任何声响。

羽毛钩以极快的速度飞驰。近4.6米长的鱼竿带来的加速，强劲而又令人印象深刻，能让羽毛钩在不到一秒内行进三十五米，钓鱼人的眼睛根本无法看到它，除了那一刻——抛投的推动能量耗尽了——羽毛钩结束了它的奔跑，停在一个很远的地方，仿佛悬浮在空中，然后落入水中，在水面上画了一个圈。

需要有训练有素的眼睛和合适的视觉背景，才能看到一个相距三十米的三四厘米大的物体，但这种情况时有发生，对于卡米洛来说，就是在那一刻，骗子与谎言、弓箭手与箭头之间的关系加强了。

"你到了对的地方。"卡米洛心里对着羽毛钩说，"做你的工作吧。"

于是羽毛钩走上它弯曲的路径，落进水里，然后向那些逆流而上的鱼，展示自己的另一面。

又见科克

这是美好一天的早上九点。河流不再像平原河流那样宽阔干涸，水流也有所增加。

巨石在存在了几千年的滑坡中形成的河岸让曼达尔塞尔瓦河的河床在挤压中变窄了两次。在最窄的地方，河水的威力开始显现。

曾经环绕河流的田地现在已经变成了成片的树林。

河水变浅了，但是流速还在增加。

河底由较细的角砾岩和大石块交替构成，河水清澈见底，如果你在里面旅行，这就是一个奇观。

几个河流变窄的地方让流水更加汹涌，但在上游，通过湍流之后，河水就恢复了平静。

玛尔塔和杰森绕道而行，选择水流更缓、不那么累的路线。

他们两个都知道，与等待他们的凶险情况相比，这些上游流下来的汹涌河水根本微不足道。

他们年轻时经历过顺流而下的旅程，遥远的记忆带给他们的是在汹涌激烈的狭长河道里，漫长而有趣的向下滑行的画面。

而他们现在必须逆流，再次经过那些狭长的河道和窄口，所以应该冷静下来。躲开每一个漩涡都是值得赞赏的杰作。他们两个在欣赏水下风景的时候跳了一下，于是他们瞥见远处有个身影。

有一个向上游移动的影子。

是一条鲑鱼。

是科克。

就是他。那个发音和卡帕还有卡特琳一样的科克。那条被海豹奇迹般救下的小小养殖鲑鱼。

科克没有注意到玛尔塔和杰森的到来。

这个年轻人非常专注且顽强地用脸对着像棒槌一样的漩涡水柱，这是一股从两个巨石之间猛然落下的水流，形成的泡沫漩涡都有一米多高。

大量的水从空中飘浮的水雾和水花中坠落。

科克刚一碰到水流就被冲翻到七八米远的下游。

小鲑鱼并不甘心，又精力充沛地出现在大象一样大的水柱面前。

杰森和玛尔塔靠近了观察他。

他们知道科克很烦躁。只见他摇着头，一副"我倒要看看会发生什么"的表情，一转身就发现了他们。然后科克立刻警告他们。

"你们就待在那儿！该死的！我感觉到有一大团这种液体在这前面推动。"

"这是水流，科克。"玛尔塔解释道。

"天啊！我们现在在玩什么游戏？首先，原来我不知道去哪儿以及不知道该干什么的时候，我就随心所欲地到处玩水，而现在我有了目标，我感受到一种强烈的愿望就是必须要往上走……往上，你明白吗？"

被这种冲动吸引的科克，转向了杰森。

"向上，向上走。朋友，我必须向上走，这可能是我最后要做的一件事情了！我感觉到上面就是适合我的地方。"

"我能理解。"杰森评论道，是应该说点什么。

"因此我感到很沮丧，你明白吗？我想过去，我需要过去，而且我有激情这么做。"

说完之后，科克又重新出发了，他现在的尾巴更加成形了，肌肉也更多了，他用尾巴推动着自己前进，抵抗着那看不见形状的庞大的液体，然后立刻就像一颗鹰嘴豆一样滚着掉了下来。

玛尔塔和杰森看着这个小鲑鱼回到原地，站到他们一旁。

"很差劲。不太好。"

"听着，小家伙。"杰森对他说。

"不，现在是你听着。"杰森对那个小蠢货的傲慢感到惊讶不已，"我来这儿已经三天了。我只是想去更高一点的地方，但是老天爷，我现在是前进一步后退三步。"

"你看，是这样的。"

杰森毫不费力地靠近了那股水流冲击点，尽可能地靠到它边上，并且小心翼翼，以免被卷进去。然后他把尾巴当弹弓，利用尾巴强大的推力，从水流上方溜掉了，消失在高处。最后他又让自己顺流而下，回到两个等着的人身旁。

"你看到了吗？"

科克惊讶地张着嘴："好漂亮的动作。"

"你明白我是怎么做的了吗？"

"啊，你真是个聪明人。"科克现在非常沮丧。

他们三个停在了由漩涡的力量形成的水面凹陷处。科克又说了起来。

"这股水流无穷无尽真是太荒谬了。那上面还装了多少水？"没有等待他们的回答，科克就转向了杰森，"我经常吃那些鳗鱼，正如你说的，先生。其实我对自己说的是：忍受一下同类相食，有什么坏处呢？"

"很棒。"

"好吧，你能从下面帮我一下吗？给我点助推什么的。

就像你一样，来点那种强大的助推。"科克双眸温情脉脉，"来嘛。"

"听着，我只说一次，我不想重复，可以吗？"杰森没有等待他确认就继续说道，"我们没有担架抬你，帅小伙，但如果你按照我说的去做，你就可以做到。你看到从那儿流下来的小溪了吗？为什么那个水塘更高？好吧，没有必要像我做的那样往上走。你分段进行，可以吗？从那儿，你从左边上去，游到右边的水塘，越过那上边，那边很容易，然后一直沿着那条水流向上，你就到了。"

科克仔细地听完，点了点头以便加强记忆。"好极了，我明白了。你和你的夫人实在是太友好了。"他说道。

他出发游向那条小溪和水塘。他又最后一次转向两人："我有个问题，但你们可以不用回答我。"

"请讲。"

"上面有很多漂亮的雌性鲑鱼吗？我能牵走吗？"

下雨了！

晚上九点，手机响了。是比约恩。

"快把那个鱼竿从墙上取下来！"

"比约恩！"卡米洛惊呼，非常开心接到他的电话。

"现在下雨了。"

"下了多久了？"

"六天。要我说应该够了。"

"我在网上查了一下，河流水位和七月份一样低。"卡米洛说道。但是他的好友比约恩很肯定。

"你会看到它们游上来的。鲑鱼们都进来了。"

"它们现在在哪儿？"

"我之前在离峡湾一公里的地方钓螯虾，我看到它们跳出水面了。"

"漂亮吗？"

"十五公斤重的东西跳起来能漂亮吗？"

"如果是鲑鱼的话，那是漂亮的。"卡米洛说道，然后他问，"我给你做了一个羽毛钩，你看到照片了吗？"

"谢谢，我看到了！你真好。"

"是一个顶佳牌（The Dope）的羽毛钩。几年前我的一个苏格兰朋友给我看了它，他们说它效果很好，对晚洄游的鲑鱼来说尤其好。"

（比约恩沉默）

"你说什么？它好用吗？"

似乎有把钳子拔光了维京人的热情，"有用的，你本来就很棒……"

"你说说看，那个羽毛钩能钓到鱼吗？"

"你想知道它好用吗？好用的，很好用，是个陷阱。"

"你说什么？"

"那个羽毛钩，是个陷阱。钓鱼本身也是一种欺骗。"

卡米洛很乐意听比约恩继续说。比约恩身材高大并拥有一双布满金色毛发的手。当他双手挥动一根四米多长的鱼竿，你能看到他的鱼竿上还有个长竿绕线轮，很少会有心智健康的人用这个。

"更好的是，钓鱼是一个骗局。你知道的。"比约恩嘟囔着。

现在是卡米洛好奇了。

图6　阿拉斯泰尔（或艾力）·高恩斯

　　抛线教练、摄影师和无数钓鱼著作的作者，"艾力的虾"
（Ally's Shrimp）品牌创始人，该品牌的羽毛钩曾被选为"千年鲑
鱼饵"。

"你说为什么是骗局？"

"被钓到的鱼都是被骗了的鱼。"

"确实是。"

用他的方式钓鱼的话，毫无疑问：确实是这样。

"那我为什么应该知道这个？"

比约恩大笑了几声然后继续说道："因为你是意大利人。"

"听着，傻瓜！"

比约恩笑得像个疯子，"你们都是诈骗高手！"

"听我说。"

"如果让被骗的人相信他在做交易，那么骗局就会起作用，对吗？"

"当然了。两百欧元的劳力士手表。"

比约恩打趣道："确实如此。一条蠕虫，一个羽毛钩，一条小鱼，把它们放在银盘上，让鱼相信摆在面前的是一桩生意。"

"鱼就上钩了。"

"绝对不是！当大部分鱼看到一个如此轻松就可以获得的东西时，它们不会觉得吃了它是个好主意。即使是它们，也知道没有人会白送东西，而且几乎所有鱼都明白那是个骗局。几乎所有鱼，除了那些自认为最聪明狡猾但相反是个白痴的家伙。那些才是我们钓的鱼：那些傻瓜。"

卡米洛笑了。"有点道理。恐怕我们这些拿竿子的钓鱼人几乎只能钓到那些典型的笨蛋。而那些狡猾的，我们甚至连它们的尾巴都看不到。"

比约恩的笑声一定是受到了度数有点高的酒的影响。

"所以？我做的羽毛钩好不好，好还是不好？"

"很好！对于骗局来说很好！"比约恩心情很不错，"对于骗鲑鱼的骗局来说很好。它们洄游的时候就不再进食了。因此我们之前讨论过的欺骗方式不管用。但你们的另一种欺骗手段是有用的，就是撞击汽车引擎盖。"

"比约恩，你喝了多少啤酒？"

比约恩笑了。"没喝多少，就两瓶低度啤酒。好吧。当鲑鱼洄游的时候，它们不吃东西，因此它们对那些食物的模仿品不感兴趣。但是它们又生气又担忧，因此击打引擎盖的骗局对他们有用。"

"我不知道你在说什么。"

"你在交通拥堵时的车里，来来往往很多行人，你很紧张，你很担心，突然你听到引擎盖被重重一击，然后你看到了一个人倒在地上抱怨着。你就下车了，试图搞清楚发生了什么，与此同时，汽车的另一侧有人打开了车门，然后拿走了你放在座位和仪表盘上的东西。鲑鱼就是这么钓的。你让你的羽毛钩在鲑鱼群中转悠，就可以扰乱其中的一些鲑鱼，而那些经过附近的或者说大部分鲑鱼，都不太关心这个。有的鲑鱼就会转过来看，打开车门，然后就上当受骗了。我要喝第三杯中度啤酒了！

　　"我喝完了！你来的时候告诉我一声。"

　　"我和我老婆说一下然后给你打电话。"

卡米洛的羽毛钩

终于下雨了，还是持续性降雨。

现在卡米洛需要赶快了。

在飞奔到马尔彭萨机场以及从那里飞往奥斯陆之前，卡米洛还有一堆事情要做，但他知道怎么安排好一切。他在智能手机上查找航班，比对价格，算好换乘的时间。

卡米洛把行李箱敞开放置在床底下，开始收拾旅行的必需品，最好的收纳办法是这样的：每一次从挪威钓鱼回来都不拆开行李。卡米洛早已记住什么对他有用，什么对他没用。经过多次的挑选，我们可以说，卡米洛收纳的行李是完美的：装且只装了所有真正对他有用的东西。

离出发还有一个星期多一点，出于某种原因，卡米洛没有哪一刻不在想这必然到来的一天。除了晚上，卡米洛才终于停止预设和安排旅程的每一刻，他把自己封闭在角落里，戴着耳机听着爵士乐，与世隔绝地制作人造鱼饵。他怀着一种固执和决心，令人想起某条正在曼达尔塞尔瓦河的鱼。

伊艾娜、珀皮塔和扎克，即女儿、妻子和猫，他们觉得卡米洛暂时丧失了行动能力，都尽可能地避免叫他做事。现在是捕获鲑鱼的时间了，他们不停地对自己说。

现在来说说卡米洛如何了——为了让大家能更好地想象，出发前卡米洛在家里制造出了什么样的特殊氛围。

尽管卡米洛在公司担任要职，他就像一个大尺寸的小孩，又高又壮，像是用斧头砍成的。圆圆的脑袋，黑色的短发，但重要的是他那双永远明亮的眼睛和印在脸上的微笑，从他身上带走了四十年的枯燥岁月。

当你看到他进入自己的激情漩涡时，你想对这样一个人说什么呢？什么也不用说，就让他沉迷于电话和电脑，让他带着着魔的神情从衣柜转到车库，最后等到晚上，任他筋疲力尽地花费两个小时来组装羽毛钩，然后倒在床上大睡。

没有人成功地让鲑鱼承认过它们更喜欢哪一种羽毛钩，这就让羽毛钩制造者有了极大的自由和想象力。

卡米洛是知名的意大利羽毛钩制造者。大学时期，他靠着向专门的商店贩卖自己制作的羽毛钩，积攒了一大笔钱。

插句话：如果你能在十七岁制作出并贩卖自己做的羽毛钩，这种需要足够耐心来精确装配的由极小碎片构成的微小物体，那你就已经不是一个像其他同龄人一样的十七岁青年。你有着自己独一无二的地方，这极大可能是好事；但也不排除在某一点上这又不是好事。

卡米洛很喜欢制作羽毛钩，这是一项高精度的手工活，可以满足制作艺术品的喜好，同时让人享受这种慵懒放松的感觉。

安装羽毛钩仿佛一次旅行。为了给鱼钩穿件衣服，他要在平均长度只有几厘米的物体上使用镊子、小钳子和线轴。

只有莎士比亚和麦布女王①才在这么小的事情上耗费过如此多的手艺、精力和灵感。

人造的昆虫必须看起来很像真正的昆虫，但也不完全是。据说鲑鱼并不进食，但它们会攻击。穿着惹眼的衣服不正好可以吸引鲑鱼的目光，增加它们攻击的可能性吗？

这就是为什么在鲑鱼羽毛钩的制作上，什么都应该用上。

为此，会用到铜线和黄铜线，红色、黄色、绿色、蓝色等颜色深浅不一的羽毛，獾毛和海狸毛、孔雀尾巴、鹅毛和火鸡毛、北极狐毛、鹧鸪羽毛和野鸡毛、豪猪刺、荧光线、中国丝绸、染色的或者天然颜色的公鸡和母鸡的颈部羽毛，

---

① 译者注：麦布女王是一个神话故事中的仙女精灵，因莎翁的著名剧本《罗密欧与朱丽叶》中的相关描述而为世人熟知。根据剧本的描述，麦布女王可以帮助人类实现梦境。

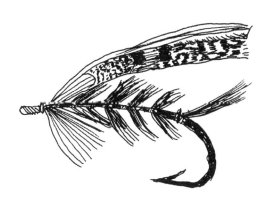

图7 鲑鱼羽毛钩

　　捕钓大西洋鲑的羽毛钩一般由单钩、双钩或者三钩组成，上面会粘上一些天然或合成材料，比如丝绸、羽毛、羽毛的局部、金属线，等等。

以及很多其他漂亮的东西，将这些东西捆绑，粘贴和缠绕在一起，就可以做出一个羽毛钩了。

也许就因为这一点，人们非常渴望飞蝇钓，尽管这件事对他们来说还很陌生，他们也产生了几分好奇。

需要补充的是，世界上还有许多其他人以更大的热忱生活在这种激情里。几年前，一个美国的长笛演奏家因从博物馆偷窃了奇异的动物标本被捕。他将标本偷了之后，拔了它们的毛，然后将这些羽毛放到了市场上贩卖，短时间内就大赚了一笔，这再次证明了，在特殊羽毛钩的制作上，对奇异羽毛的需求量一直极为旺盛。

食欲在淡水中消失

"看看我给你准备了什么。"

杰杰向玛尔塔展示了一条鳟鱼，他逼迫这条鳟鱼逃入河岸的水藻里，一旦入了水藻里，鳟鱼便没了逃脱的路。

"你真贴心，但不用了。"玛尔塔回答道。

"我都准备好了，亲爱的。你什么也不用做，张嘴把他放进去就行了。"

"你知道我不想吃吗？你自己吃吧。"

"是因为他有点状花纹吗？"

玛尔塔无法回答。

"我要把他皮剥了吗？"

"不是，哪儿的话，只是我不想吃。"

这条小鱼，恐惧得待在原地，失去了力量和希望，他被两个比他重一百倍的巨兽包围着，不敢动弹。杰杰看着他，然后游开了。但是小鱼仍没有动。他知道这些事情将会怎么发展。他完了。

"你走吧。"杰森说。

"我有老婆和孩子。"鳟鱼绝望地说道。

"走啊！"

"我不值钱，对你们来说吃我就跟没吃一样。"

"你走。"杰森坚持说道。但是这条小鳟鱼是如此专注于为自己辩护，甚至没有听清杰森在说什么。

"老实说，今天早上我就完全不应该出门。我出来做什么，这么多野兽在附近，我对我自己说，然而可想而知的是，全是习惯导致，那种出来散个步的意愿，我问自己，这种事是否就该发生在我身上……"

"我不饿，玛尔塔，但我还是要把他吃了，因为我太烦他了。"

小鱼迅速离开。

杰森若有所思："我们在这里没有食欲，亲爱的。"

"但我们还是能行动。"玛尔塔观察到。

"费尔南多曾经说过，吸烟产生的化学反应会让人感觉饥饿。"

玛尔塔脱口而出："你告诉我，让你和那个蠢蛋绑在一起的那根无法磨灭的丝线在哪里？它在你头骨的哪个部位？我把它给你咬下来！"

"不管怎样，吸烟不会让人上瘾。我是知道的，因为在两年前，我吞了一支从船里掉到海里的烟。那是个好东西，但我并不想念它。"

玛尔塔摇晃着她的脑袋，悲痛地说道："和这样一个人在一起，我还能去哪里？"

在途中

一大早，杰森就开始努力犯傻了。

自从他们离开峡湾进入真正的河流，这两条鲑鱼已经前进了大约二十公里。

这二十多公里充满艰辛，尤其是最后几公里全是强大的水流和看起来坚不可摧的石头壁垒。杰森的强壮和迟钝的感知在最后几公里帮了他很大的忙。

靠他强壮的身体，尤其是靠用头凿在巨石上，杰森用力量解决了航向问题。

最终的代价是，杰杰搁浅在巨石之间的某个空地里。在他们面前出现了一连串巨石屏障，大量的水从这些巨石间倾泻而出，奔腾而有力，以至于他们看起来不可能再继续前行了。好吧，那只顽固的怪兽（杰杰）可不会在那儿等着，也不会想出什么乱七八糟的策略。

他结实的大尾巴很有计划地甩了四五下，绝望地向上冲去，完全不知道上面等着自己的是什么。

你在下方的时候是看不到自己跳起来会到哪儿的。一旦克服了这个高度差，你跳起来，你心里便开始希望自己不要被卡在底部的树枝上，或者不要脱靶离开了水域掉在某个干燥的角落再也无法自由。你跳的时候会希望那个扑向你的好几立方米水域的漩涡会结束，以及这不仅仅是一段令人疲惫的湍流的末尾部分，你不得不咬紧牙关，冒着皮肤破损的风险继续前行很长一段时间。

就是用这样的方式，他们两人继续前进着。玛尔塔并不是很赞同用这种方式前进，因为她想要更多地思考一下行进路线，虽然可能会浪费一点时间，但是能找一些风险较小的其他路线。当然，尽管他们现在这样是有些危险的，却比任何其他方式都要快。

玛尔塔的方向感比杰森更为发达。

他们到达一个岔路口，值得一说的是，他们正在高大宏伟的楔形石前，石头将水流一分为二，也许这是形成岛屿的小山脊，或者是一个支流的入口，杰森选择了右边，那边河床较宽，但比较浅。

"你从那儿想去哪儿？"玛尔塔问他。

"我要上去，我要去河的最顶端，玛尔塔，不然你想让我从那儿去哪儿？"

"如果你想去河流的顶端，最好我们去另外一边而不是你那边……"玛尔塔肯定地说道。

"啊！是吗？为什么？"

"因为从你那儿是走向小雏菊。"

"什么意思？"

"意思是右边的只是一条支流，你向上走会走到有蜗牛的树林，而不是我们要去的地方。"

杰森有一刻的不知所措，但也仅仅只是片刻："这次我没错。"

"那前两次岔路呢？"

"那两次我错了。"

"那为什么现在你会觉得你就是对的？"

"为什么一个人犯了一次错就再也说不出正确的话了？"

杰森转了一圈，像是气得想咬自己的尾巴。

"你想争论一下吗？"玛尔塔问，她平静地掠过水底，等待着场面凝固下来。

"为什么应该走那边而不是我说的这边？你说来听听看。"杰森坚持说道。

"正确的气味来自那边，只是你闻不到？你脑子里的糨糊流到你鼻子上了？"

"你说的是什么疯话：正确的气味！我们在这里，和数百万升不断变化的水在一起，这些水从我们多年前所在的地方流下来，而您，您就知道哪种味道是正确的味道！我谢谢您，走了，我们走！"

"从哪儿走？"玛尔塔问。

"从你说的那儿走。"

玛尔塔认真地注视着他。

杰森很固执。他计划事情的能力堪比在水面上行走的蚊子。他贪婪、任性、自以为是还冲动，有时候他还很肤浅，喜欢吹牛，他或许是个傻瓜。他不反思，还蛮横无理十分傲慢，至少比她多出了一公斤的傲慢。

"但是在这条鲑鱼内心深处，有我喜欢的东西。"玛尔塔心想，"他是个真正的男人。他能忍受痛苦，也十分努力，虽然只是短暂的。他不能承受长期航行的疲劳和痛苦。但他是好人，勇敢又真诚。"

"然后，"玛尔塔又想了想，"他内心有一种毫无防备的东西。某种脆弱的东西：一副巨人的身躯和一个小鲑鱼宝宝的灵魂。这也正是问题所在。"玛尔塔知道，这是种欺骗，但这也是他的迷人之处。

这就是爱。她任由自己被他欺骗，做一些无谓的抵抗，终此一生。

现在她认认真真地观察着自己的伴侣。

"稍微让我看看你。"

"怎么了，我今天特别帅？"

"不，你今天特别怪，给我看看你的侧面。"

杰森照做了。

"现在站直。"

杰森照做了。

"再给我看看你的侧面。"

"不看屁股吗？你不感兴趣？"杰森展示了他的屁股。

"别犯傻了。给我看看你的侧面。"

杰森已经感到不安了，但还是照做了。

"你是突颌。"

"啊？"

"你的下颌比上颌更靠前，杰森。前一阵子你不是这样的。"

"我不明白我有什么变化。"

"你的下巴朝前了，我没有在开玩笑。你闭上嘴巴。看到了吗？下面靠前了一点。"

"不是吧？"

杰森眼睛向下瞥，试着观察自己。然后他转了个身，蜷缩起来，左右弯曲，但是看到自己的下巴是不太可能的。

"你好像拉长了嘴，就像那些下雨会下进嘴里的鱼。"

"你来描述一下。"杰森无法理解。

"这让你看起来像个坏人。"

杰森摆出亨弗莱·鲍嘉①的样子。

雄性鲑鱼，由于大自然的某种演算——大自然计算了一切也预见了一切——从它们开始为了繁殖而在河里逆流而上，它们的嘴巴形状便开始发生变化。

仿佛它们的下颌在向前滑动。

仿佛在逆流而上的过程中，造物主不仅仅满足于抑制雄性和雌性鲑鱼的食欲，而是为了安全起见，给雄性鲑鱼增加了一种转向锁。这是另一个阻碍，可以让捕获猎物这件事变得不可能。

他们仿佛变成一个不能用手（鱼类还没有手）尝试从一罐榛子巧克力酱里挖出什么的人，只能靠嘴里叼着的勺子。

逆流而上的鲑鱼停止了进食。否则，考虑到它们是非常高效的食肉性动物，一旦到了河里，它们会吃掉自己或者其他鲑鱼的后代，这很可能会导致鲑鱼灭绝。

而对于雄性鲑鱼，为了让他们不可能或者很难再捕捉另外一条鱼，大自然做了更多。

杰森现在就和其他雄性鲑鱼一样，下颌伸了出来。

杰森和玛尔塔都已经停止进食很长时间了。

但他们两个，有一层很明显的脂肪和肉。这要归功于之

---

① 译者注：亨弗莱·鲍嘉（Humphrey Bogart，1899—1957），美国男演员。

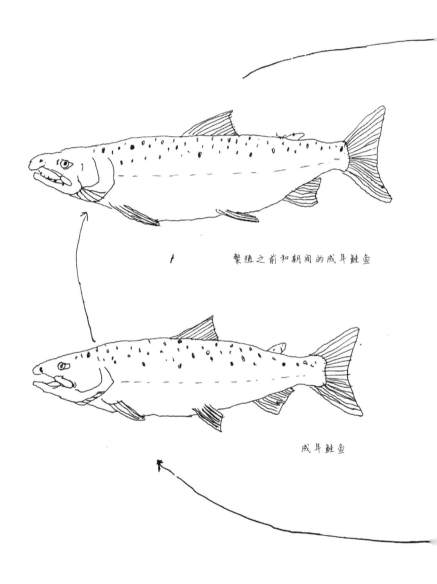

繁殖之前和期间的成年鲑鱼

成年鲑鱼

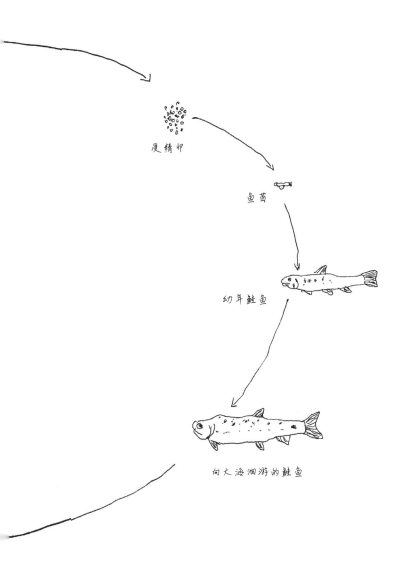

受精卵

鱼苗

幼年鲑鱼

向大海洄游的鲑鱼

前进食的鳗鱼，杰森心想，但他没有说出来。

现在玛尔塔和杰杰确实没有别的目的了，他们只想去正确的地方，那里几乎达到了繁殖后代所需的完美条件。

杰杰甚至开始了幻想。

"一旦抵达目的地，我就会让你像火车头一样鸣笛。"他说。

"什么？"

"我会让你意乱情迷，我会让你像蒙特菲亚斯科内的母狼一样嚎叫。"

玛尔塔假装没有听见。

"我会温柔地蹂躏你，就像一场爱的飓风。我会让你感受到什么是曼达尔塞尔瓦河的男人。女人！"

"继续说，杰森。"

"将你的灵魂挂在钉子上，因为你有可能在爱的飓风中失去它，最终你甚至都不记得自己是谁。"

"还有吗？"玛尔塔问道，她觉得挺有趣，甚至有点小激动，但是她装作漠不关心，看着这个自大的吹牛的家伙。

"我给你的不是爱，而是让你永远记得的美妙钟声，你会永远感激在那个遥远的日子里，你看到了我，而我被你选中。"

"好吧，起码你承认，是我这个女人进行的选择。"

"什么时候又在哪个地方，相反的事情可以发生呢？"

爱

今天是个好日子，河水清澈见底，水温刚好合适，河里有一种对爱情的渴望。

几天前，玛尔塔和杰森的皮肤就开始变深了。他们就像其他一同洄游的鲑鱼一样，将要举办婚礼，穿上礼服。

越来越多的鲑鱼幸运地回到了曼达尔塞尔瓦河繁殖，它们的体型也一个比一个大。

尽管有网、笼子、海豹、渔船和其他的威胁，曼达尔塞尔瓦河仍然是鲑鱼繁殖的热门目的地，就像巴黎一直是蜜月旅行的热门目的地。

这种地方热门的秘诀，除了在于人类的保护，主要在于它的砾石和河底对鲑鱼繁殖来说非常完美。河底大部分是由小的鹅卵石组成，鱼卵可以在上面固定，并且在石子之间找到庇护所，否则会被河流冲走。

雌性鲑鱼会用尾巴用力地拍打河底，根据自己的体型和力量大小，清理出或多或少大一点的洞。体重超过了十公斤的玛尔塔，为自己打造了一个又深又厚的庇护所，就像一辆菲亚特500①。许多像她一样的雌性鲑鱼都在清理出洞口，而在这周围还有很多事情要做。

有的雌性鲑鱼已经产好卵了，有的来得比较晚，才开始安置巢穴，而有的还在找合适的位置。在玛尔塔和杰森的卧室不远处，有一条雄性鲑鱼，或许没有杰森那么魁梧，但也非常壮，他带着恍惚的表情在授精。

杰森刚刚才奋力地对玛尔塔产的卵子授了精，现在正在休息并观察着旁边那条雄性鲑鱼。

那位陌生人的伴侣把鱼卵产在了离玛尔塔所选择的区域比较近的地方，这会造成误解，让人神经紧张。

"抱歉打扰你了，您能挪过去一点授精吗？"

"怎么了？"

杰森觉得这是接近这位陌生鲑鱼的合适时机："我说，请原谅，或许您没有注意到，但是您正把精液洒在我妻子产的卵上。

"我？"

---

① 译者注：菲亚特500，历史最为悠久的微型车之一。

"哦不，我的姐妹①，你看到那些了吗？"

那家伙转身查看："请原谅。"他稍微挪远了一点。

"没什么问题。"杰森有时候还是会很有耐心。

"请原谅我，我之前以为那是我妻子的。您看，我们的是那些。"陌生人用他的嘴指着底部的砾石说道。但是杰森并不高兴："呃，我知道哪些是你们的，但是您，抱歉，您授到了我太太产的卵上面。"

"我的天呀，这又是什么……"

陌生鲑鱼似乎并不太在意。但杰森很不高兴。"别在那儿'我的天呀这又是什么'。我们让每个人都只对自己的鱼卵授精的话，一切都会好起来的。"

"看在老天爷的分上，但这样我们就要过于小心翼翼了，然后剩下七八千个需要授精的鱼卵。"陌生鲑鱼反驳道，还用了某种常识进行论证。

但是杰森很生气："不好意思，我宁愿这样。这样就不会有任何危险了，您看。请相信我。您游到那边去，从那儿到这儿由我来照顾。"

"你们讨论结束了吗？"

玛尔塔来了。

---

① 译者注：杰森这里用了叫修女的称呼叫这条雄性鲑鱼。

"女士，早上好！"那个家伙说。

"怎么了？"玛尔塔问。

"没什么，一个小小的弹道问题。我自我介绍一下：曼达尔塞尔瓦河的贡纳。正在您一旁产卵的雌性鲑鱼是我的妻子，伯吉尔德。"

女士们正互相微笑示意，但是杰森闯了进来："抱歉，哎，但是你还在继续对着我妻子的鱼卵授精。"他的语气充满了威胁。

贡纳辩解道："当汽车出发后很难停下来。"

"你给我听着，混蛋，你想我撞在你鼻子上让你不记得自己叫什么吗？"

杰森对这个外敌臭脸相向。

与此同时，三条几公斤重的小型鲑鱼带着一副只是路过的表情，偷偷地、静悄悄地靠近然后开始随意授精。

杰森受够了：他全力以赴地发起了进攻，迅速连续撞击其中两条，然后去追第三条，但那条已经逃跑了，然后他突然转身，撞向了贡纳并插进了他的鳃下，贡纳像弹簧一样从水中弹起。

"先生们！"玛尔塔惊呼。两人停了下来。

"如果一生中有一个时刻是最值得活下去的，那就是现在。我已经期待了好几年，我花了这么长时间抵达这里，不是为了在这里看这种表演的。"

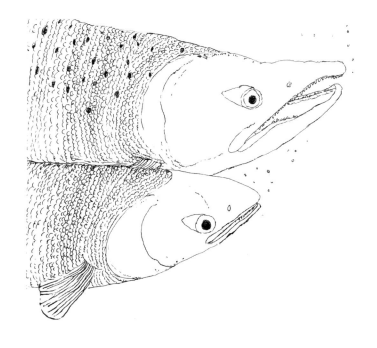

图8　繁殖

　　大西洋鲑用尾巴、鱼鳍和身体仔细打扫过河底之后，便在河床的鹅卵石中产卵。

杰森、贡纳和三条正在奋力撤退的小鲑鱼都停了下来。玛尔塔继续说着。

"我们遵照我们的天性来到这里，也是为了让自己能参与到伟大的生命循环当中，为这个星球生机勃勃的伟大魔法做出贡献。我们可以丑恶地来做这一切，也可以有尊严地、以尊重的态度来做这一切。"

"他这样做事情就像个丑恶的人。"杰森插话道。

讨论的氛围逐渐升温，所有人，包括所有溯河产卵的鲑鱼，和那三条年轻鲑鱼，似乎都想重新找到尊严和体面。这个时候，离他们几步之遥的地方，另一条鲑鱼偷偷摸摸、悄无声息地出现了，因为想要搞清楚什么情况，他在黑色岩石的结块之间偷看着。在短暂的侦察后，这条鲑鱼朝着那个陌生人和他妻子的鱼卵发起了进攻，开始授精。

对他的身份，毋庸置疑。

是科克。

只有杰森认出了他。但他认真看着科克，没有说什么话。科克因此继续自顾自地忙着。

杰森为了拖延时间加入了讨论。

"我同意我妻子说的话。本能必须由理智指引。首先我对我的粗鲁道歉……"杰森找着话来说，"事实上，我们在这里……为了遵循我们的天性，正如我妻子说的。并且……为了给伟大的什么……魔法循环做贡献……"

112

现在，包括玛尔塔，所有人都在聚精会神地听着这冗长的废话，而这时候，科克向杰森眨了眨眼，尽可能多地排出他的精液。

"……魔法，伟大魔法，巨型魔法，让这一切变得鲜活。地方。这个地方，我想说，这里。所有的这一切，并不是丑恶之人所做的，但是怎么，算，好人？"杰森漫不经心地说着，而科克那边，弹药用尽后，回到了他来时的岩石后面，悄悄消失不见了。

结束了那段毫无条理的冗长说教后，每个人都离开去做自己的事情了——除了杰森，他摆着尾巴在科克之前躲着的岩石附近逛着。

科克还在那里，仍旧睁着又大又空洞没有幸福感的眼睛。

"你好吗，年轻人？"

"罢工了。"科克咕噜着说道，他对自己很满意，但没什么力气了。

这个小鲑鱼，被最后的一阵震颤击中，像音叉一样又震动了一会儿。他想说些什么，但是没能说出来。杰森同情地看着他。科克靠近杰森，嘴对着嘴动容地对着杰森低声说："我当爸爸了。"

奥利维尔

自玛尔塔产卵和杰森履行职责以来，已经过去一段时间了。

天上又开始下雨了。

连续下了三天雨。一场淅淅沥沥又持续不断的小雨，在罗马人们会称之为"怪胎"。

天空总是灰色的，短暂的晴朗也仅仅在天空中出现了几分钟的浅灰色，然后就会被厚重的青灰色云朵吞没。

河水没有上涨到需要操心的水位，水流也增加得不多，鱼卵还很安全。

玛尔塔和杰森在这片区域巡逻。即使他们已经有一段时间没有看见路过的鲑鱼和鳟鱼，这些鱼还是有可能给孩子们带来危险的。

玛尔塔为了确保没有任何危险靠近，保证子女平安，正在进行范围更广的巡逻，从倒在水下大约三十米长的云杉树干检查到掉进河里的刀片的尖端，还巡逻了浅水处，那里水流冲击着岩石，把河流变得像羊羔的毛一样，白白的，打着卷。

她回去时，发现杰森肉眼可见地激动着。

"他看着我！"杰森惊呼。

"谁？"

"奥利维尔。"

"他是谁？"

"我们的儿子！"

"奥利维尔？"

杰森扫视着粘在河底的一排排鱼卵。

"你不知道我已经给他们每个人都取了名吗，小妞？老实说还没取完，还差四千个。现在有奥利维尔，对的，还有莫莉、瓦莱里奥、萨莎和丽莎，杰森二号、杰森三号和杰森四号，我这么叫他们是因为这几个挨得很近。玛尔塔！玛尔塔？"

玛尔塔困惑不已地出神了。

"你开始给孩子们取名字了吗？"她问道。

杰森回应道："塞古罗、奇卡。等一下，然后是欧内斯特，波尼托切格瓦拉这一连串是一个名字，玛尔塔，我想夸张点。我是这么想的。还有瓦内莎、布拉沃、米凯莱、罗洽

（Roccia①）……罗洽是第二排尽头靠着岩石的那一个，我就是用岩石命名的。"

"你取了多少名字了？"玛尔塔震惊地问道。

"大概一万八千个。不夸张地说我快取完了。然后是哲学家的名字：赫拉克利特、伊尔内里奥、马加马戈、希拉。"

"希拉。"玛尔塔无法相信，而杰森看着刚刚说到的希拉，产生了一些疑问。

"有时候我真的会混淆，而且我不再记得我起名字取到哪里了。但是上天会帮忙的。注意看，第四排了。"杰森等着玛尔塔集中注意力，"希拉、代奥、马代奥和……"

"需要我猜吗？"

杰森抛出一句话："费尔南多，来嘛，让我取这个名字吧，就一个。但我有什么好问你的呢？来嘛，我可以这样取吗？"

玛尔塔同意了："杰森，你可以这样取名。但只能在两万个孩子中，存在一个费尔南多。这样也是以防你在给所有孩子取完名前，你就结束起名字了。"

"我可不这么觉得。"杰森指着第一排的鱼卵，"卡拉

---

① 译者注：意大利语roccia有岩石的含义。

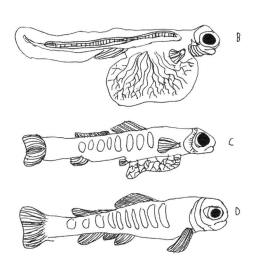

鲑鱼卵

图9 从鱼卵到鱼苗

大西洋鲑的受精卵会蜕变为微小透明的鱼苗。一旦吸收完卵黄囊，它们便开始以浮游生物和蠕虫为食。成熟所需的时间很大程度上取决于它们所处的水温。

A.受精卵　B/C.未成形的幼体阶段　D.鱼苗

米提、卢卡和马尔科，佐拉……我本来想的佐罗，但后来我一看是个女孩。"

"于是你就给她取了佐拉这个名字？听着，我知道你很激动，你给我解释下为什么激动？"

"啊，亲爱的，其实你现在和我讨论孩子取名的问题，真的打乱我的头绪了。先让我看看起名字起到哪一行了？不管怎样，就是：我明明正在平静地给孩子们起名字，也因为你做的事情……不然现在就会有敌人和危险……我想说的是，我给你带来了烦恼吗？"

"继续吧杰森，看在上帝的分上，你正在平静地给孩子们取名，然后？"

"啊是的，我正在给孩子们取名字，然后奥利维尔……"

"嗯？"

"他看着我。"

"用什么看着你？"

"用眼睛，我的天！他的小眼睛露出来了，玛尔塔！两个黑色的小眼睛，他有小眼睛，他们都有，如果你觉得奇怪，你看看。鱼卵有眼睛！奥利维尔刚刚看着我的。"

玛尔塔靠近了那些小东西。

"是真的……你看那个！"

"那个不是奥利维尔，是卡拉米提。你看看奥利维尔，在那儿的那个。奥利维尔在看着谁？他在看我。"杰森想再次指出这一点。

"我，他看着我。"

杰杰兴奋地围着可爱的奥利维尔打转，现在的奥利维尔由赭石色的小球构成，中间种了两颗黑色小煤炭。

"奥利维尔在看谁？他在看我……我……"

"多么可爱啊他们……"玛尔塔也感动了。

鲑鱼卵蜕变的第一个迹象就是长出眼睛。橙黄色的背景上出现两个黑色的小圆点。

正当杰森和玛尔塔注视着这些孩子的时候，一整排鱼卵被流水卷着，离开了石头，开始往下掉。杰森发现，立刻冲了过去。

"留住那些孩子，玛尔塔！有四十个跑掉了！截住他们！"

玛尔塔十分焦急："那我要用什么截住他们？"

但杰森已经惊慌失措了："玛尔塔，他们走丢了！他们变成了孤儿！变成那些不知道怎么来到这个世界的人了！他们最终会出生在阴暗肮脏的谷底，不知道自己的父母是谁！让我们救救孩子们吧，玛尔塔！"

"杰森，你冷静一点。"

但是杰森不再听了。他就像是在晚会上被扯断项链的女人，试图用鳍把那些散落得到处都是的小圆球聚集起来。

结局是这些小圆球变得更加分散了，然后玛尔塔加入进来。

"杰森，他们会走自己的路。你想想。我特意产了两万个卵。他们有的会走掉，有一些会被鸟吃掉，有一些会被鱼吃掉，还有一些会因为没有食物而在这个冬天饿死。"

"你太冷漠了。"

"只有千分之一的鱼卵会成功长大成鱼。"

"奥利维尔。"

"也许，他们有必须如此的原因，所以才会这样。"

"谢天谢地，还有一件值得感谢的事情。那就是奥利维尔没有外睾丸。"

"这就对了，积极地看待这件事。"玛尔塔总结道，她很高兴话题变了。

"自从你给我说过这个假设后我就还没睡着过。但是现在，我看到奥利维尔的小蛋蛋在安全的地方，我就更积极快乐了。"

"亲爱的，你是如何做到这么短时间就转变心情的……"

"因为我是男人，不然呢？"

一桶海螯虾

　　卡米洛在机场度过了一整天。不是因为从意大利到挪威南部的距离太远，而是因为转机并不完美，行李也是，就像有可能发生在那些转机的人身上的事一样，他的行李被运去了其他地方。

　　因此卡米洛滞留在了克里斯蒂安桑①，更重要的是没有鱼竿，没有靴子，也没有羽毛钩。

　　卡米洛的心情很糟糕，也感觉非常疲惫，但在他有序理性的头脑中仍旧热切期盼着鱼竿和其他物件的顺利抵达。

　　在乌云密布的昏暗天空下，卡米洛取了租来的车向厄斯勒博出发。

---

① 译者注：克里斯蒂安桑位于挪威南部斯卡格拉克海峡沿岸。

这条路——即使在黑暗中看不见——从峡湾攀升到曼达尔塞尔瓦河山谷，沿路都是河流和峡谷。渐渐，越来越多的平坦路段给悬崖和冷杉留出了空间，它们后面往往藏着河水。

卡米洛从前一天开始就没吃过一顿完整的饭，当他晚上十一点抵达比约恩为他找的旅馆时，他已经饿急了。

旅馆里没有等他的人，门敞开着，卡米洛便进去了。

桌子上有一张他朋友的便条，还有一个桶。

便条上比约恩写了欢迎到来，还说明了在哪里可以找到装有两瓶啤酒的冰箱。

桶里有足足一公斤的已经煮好的刚捕捉不久的海螯虾。这是大高个给的欢迎礼物。比约恩并没有告知这些虾是如何煮的以及需要注意些什么，但是桶底还有沙子，就足以说明烹煮这一切很快就完成了，并且非常美味。卡米洛跑到橱柜里拿了一管蛋黄酱。晚餐已经就绪。

吃完晚餐后，卡米洛很快就到床上去了。明天比约恩要来接他去钓鱼，而他没有装备。他甚至没有带走装在手提箱里的羽毛钩，这些羽毛钩被认为是十分危险的物品——可能是因为飞机上有鲑鱼三明治吧。

卡米洛希望，在航空公司多次电话转接后的第二天，他能够找回行李。

比约恩

第二天早上七点，卡米洛因为过度兴奋已经醒来了两个小时，那个维京人到了，非常高大。卡米洛身高有一米八五，但是比约恩这个挪威人远超过他。

两人是多年的朋友。比约恩是一个专业导游，会带人们去钓鱼或打猎。他已经六十多岁了，却有着非常好的身材，仿佛三十多岁的体格。比约恩十分粗犷。对他来说所有事物都是黑白的，不存在中间的灰色地带。如果行李在阿姆斯特丹机场丢失了，那就是工作人员的错。他认为从天性来说男人就应该爱女人而不能爱男人，女性就应该在家，男性负责获取食物，比如松鸡、鲑鱼、鳟鱼或者钱。这些只是他确信的事情中的其中一些，并且，除了一些划时代的难以想象的动荡以外，没有人能将这些信念从他身上带走。

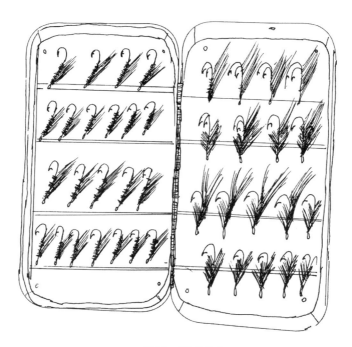

图10 羽毛钩盒

钓大西洋鲑的羽毛钩并没有模仿某个特定的食物：事实上鲑鱼进入淡水后会停止进食。他们进行攻击可能由于来自领土意识、好斗、烦躁或者其他只有鲑鱼才知道的原因。

卡米洛，只要他的行李不像这次一样丢失了，他的背包里总是装着至少两个轻便坚固的铝盒。盒子里装了他亲自制作的羽毛钩，它们就像珠宝一样，整整齐齐地挂在夹子上。每个盒子有好几打，依照只有他自己知道的标准，按大小和种类完美有序地划分：八个一模一样的放在一起，另外十个一模一样的放在一起，以此类推。

如果你们有幸遇到比约恩，就可以让他展示一下他那独一无二的羽毛钩盒，真的，一定要让他展示一下。他会从他靴子的小口袋里掏出一个意大利国旗上那种绿色的塑料小盒子。当他吃力地打开盒子——因多次被他直接坐在上面而变形了——你们会看到四五个羽毛钩，都是卡米洛做的，每一年卡米洛会给比约恩好几打羽毛钩。比约恩便用着它们。盒子里的羽毛钩非常脏，黏在上面的几簇鬃毛仍带有鱼的腥臭味。

然而靠着每年都有的这些羽毛钩，比约恩位列曼达尔塞尔瓦河最幸运的钓鱼人行列中，并和战利品一同拍摄了照片，从五六公斤到十五公斤的鲑鱼。

与卡米洛的鱼竿相比，比约恩那唯一的一根鱼竿，就像是一根棍棒。卡米洛每一次抛线努力得像是一个人在凿砖墙，而比约恩就像在给吊灯扫灰尘。但是他的羽毛钩总是飞得比卡米洛的远。

比约恩没有上过抛线课，但这对他来说是天生就会的。

他走进水里，走几步，便向河流的边缘发射他的羽毛钩，不论河流的边缘在哪里以及有多远。

　　见面后是一个简单的拥抱和一杯咖啡，稍作休息后比约恩赶紧和卡米洛一起上车。

与比约恩一起钓鱼

没有时间闲聊了。对比约恩来说，鲑鱼的捕捞季节已经快要结束，狩猎的季节就要开始了。三天过后他就要和一队猎人去围猎松鸡了，那群人也是意大利人。

但为了他的朋友，比约恩决定做出一点小小的牺牲，留出一天时间带他去看看哪些河段有更多的鲑鱼。最重要的是，要在航空公司寄还行李之前，将自己的装备借给他。

比约恩的涉水裤对于高两米的男人来说刚好合适，防水外套也是。他还有个不知名的鱼竿，但至少羽毛钩是卡米洛每年给他准备的。

两人开车兜了很大一圈，沿着不平整且狭窄的柏油路多次跨过了曼达尔塞尔瓦河。比约恩从远处指出了比较有意思的几处。

"那下面，就是河水变窄然后马上分成两道的那儿，你看到没？"

卡米洛点了点头。

"那是个好位置。还有另外一个地方也好，就在我们现在经过的旁边。你看到那儿也有水沸腾了吗？在那下面，那一大段都值得尝试，但现在我先带你去我钓到最多鲑鱼的地方。我往那个方向开。"

汽车驶入一条通往农场的羊肠小道。他们在农场下车，走在一片伸向森林的草地上。比约恩的靴子对卡米洛来说太大了，包括所有比约恩的装备对他来说都大了。防水外套是比约恩穿去海钓螯虾的那套，可以闻出来。

但那琥珀色的水面显现出了千万个旋转的漩涡，到达，经过，并消失在远方，它总是在那里，让你忘记一切。当钓鱼人靠近这样的水、这样级别的鱼时，木解释清楚他们的感受是件不容易的事。我们这样说吧：就像是一个人正在品尝他面前的风景。他的眼睛品味着所有他看到的东西：河岸、漩涡、死水塘和所有这一切的美景。现在卡米洛眼前的就是他所能渴望的一切。

他四处张望着，正在"拍照"。

我们每个人都会把一些画面印在脑海，这些就是照片：丑陋糟糕的，往往就是黑白的；美好漂亮的，就是过去美妙时刻的照片，这一些，也仅仅只有这一些，是彩色的。

在那些鲜活和难忘的时刻，我们并不知道自己打算"拍照"，但我们却做了。一条这样的河，在这样的时刻，这个钓鱼人知道他正在"拍照"。他知道。

在执着又幸运的钓鱼人眼中，被捕的鱼往往会变得慌张、混乱，但是他们所在的环境并不这样，他们所处的环境是独一无二、令人难忘的。

在河上，大高个给卡米洛指了一处地方，那是比约恩认为最好的地方。"在这里抛线。"比约恩对卡米洛说，并指着一段不超过一百米的河流，又补充说，"十二个小时，你不要发出声音，最重要的是不要掉进水里，水很大，我可不想到峡湾里捞你。"

两人对视一眼。比约恩睁大了蓝眼睛，装出惊恐的样子，然后笑了。

卡米洛进入水里开始抛投钓线，比约恩观察了他几分钟，就离开去忙自己的事情了。

一条鲑鱼在离卡米洛二十米的地方跳了起来。然后是另一条，体型不大。

卡米洛独自一人，像一个慎重的小兵，执行着挪威人比约恩的命令。与此同时，在他身后的灌木丛里，随着时间的流逝，慢慢地长出蓝黄红菇、橙盖鹅膏菌和牛肝菌。

"我们到了。"卡米洛心想，"走一步，抛一次。"

在下午六点的昏暗中，卡米洛没有钓到一条鲑鱼，但他仍心怀希望。他拆下鱼竿，回到车上，一个早上不在那里的四孢蘑菇已经迎接着他了。

最后的机会

卡米洛捕钓鲑鱼的四天行程已经过去了三天。

装备已经寄到，卡米洛重新拥有了他精心准备的羽毛钩、他的涉水裤、他的鱼竿和他的完美哈迪牌飞钓轮。

但很明显，鲑鱼还没到。如果故事都到这一步了，我却忘了多加描述这个值得期待的时刻，那就太愚蠢了。请大家少安毋躁，不论如何，在过去的这段时间里，卡米洛什么都没有钓到。

卡米洛有几次和比约恩一起钓鱼，但也不走运。

卡米洛开始按照比约恩的指示频繁地更换地点，仍然没有鱼咬钩。第二天，钓鱼线或许有稍稍地向河中心挪动，有片刻它是绷紧了的，仿佛一条鲑鱼撞上来了，但那里的水流太大了，也有可能是一根被流水带走的树枝，被羽毛钩缠住了一会儿。

明天是最后一天了。比约恩已经离开，卡米洛独自一人去钓鱼。他晚上一直在这家常年空无一人的旅馆用餐。他已经要累晕了，做了速食意大利米饭和烤香肠，还狼吞虎咽了自己买的几公斤蓝莓，喝了一些啤酒。

明天预计会下雨，这样更好。

卡米洛拖着疲惫的身体到了小床上，他用睡袋当作床单。

很热。外面大概是十一度，这样更好。

卡米洛睡着了，他梦见了一个羽毛钩，顶佳牌的。

水面之上（一）

凌晨四点就开始下雨了。

卡米洛坐在旅馆的长凳上喝着他的美式咖啡。

他已经穿好涉水裤和靴子，套上羊毛衫，防水外套搭在椅背上。他以尽可能快的速度吞下咖啡。

四米多的鱼竿装配上他的完美哈迪牌飞钓轮，拿出来固定在车顶的磁吸鱼竿架上。

卡米洛知道这又会是疲惫的一天，也是最后一天，最后的机会。要么今天能钓到鲑鱼，要么再也钓不到。但最好还是别胡思乱想了，这并不能帮他顺利地抛投钓线，选择正确的位置。

走一步抛投钓线一次，他要持续这样做十二个小时，或许十三个小时，如果光线允许的话。

卡米洛往钓鱼背包里放了几瓶水和几根有着核桃和葡萄干的零食。

今天他决定尝试下赫德兰农场前面的河段。

他可以用他拥有的许可证在大约五公里长的河流里钓鱼：但是正如比约恩给他指出来的一样，好的河段只有四个，卡米洛现在都清楚了。甚至，他清楚每一个角落，每一块岩石和水下的树枝，他还清楚每一处水深的变化和每一个水流的拐角。

于是他决定，最后喝一口咖啡，从河流的上游开始钓鱼，到处尝试一下，因为到底哪儿能钓起鲑鱼，大家都不知道，但他会更专注于比约恩指出的那四个地方。

水面之下（一）

同一天，同一时间。凌晨四点，开始下雨了。

事情变了，杰森心想。

水位上涨，这会带来问题。

前一天黄昏时分，两个重达几公斤的新手过来好奇地围着鱼卵，杰森把他们撞走了。

现在，另一条雄性鲑鱼，跟他一样又大又壮，带着一张欠打的脸出现在杰森面前，妄想把自己丑陋的脸插进玛尔塔选择产卵的碎石堆里。

"谁都不能这样做。"杰森想着，冲到他身下，准备撞伤他。

出于恼怒，或者出于恐惧，外来者跳出了水面，然后又接连跳了几下，向着上游而去。

迟到的夫妇试图占据仍然空着的地盘，他们中有的继续前进，有的已经开始配对并在尽可能好的地方产卵。

有的夫妇能把卵产在因为水流过大而不太安全的地方就满足了，但还有的就执着于把卵产在离杰森夫妇的孩子们特别近的地方，这就导致他们和站在杰杰一边的玛尔塔吵了起来。

这是艰难的时刻。雨一直在下，如果几个小时不停，河水就会涨满。

水面之上（二）

　　卡米洛把车停在一堆柴木旁边。第一天比约恩也是停在这里。

　　上帝依然命令下雨。

　　卡米洛下了车，穿上防水外套，拿出背包和鱼竿就出发了。天还黑黑的，但他知道路是怎样的。很快他就穿过草坪来到树林，在这里黑暗更加浓稠，但还是可以认清泥土和草地上踩出来的小路。

　　卡米洛左手边有一座桥，桥上经过一列小火车，他没有看到。谁知道它什么时候会再次经过。小路从桥下穿过，顺着河流前进。

　　卡米洛打开了手电筒，现在到处都是蘑菇。

　　卡米洛独自一人。挪威人比约恩有自己的事情要做，不能陪着他。这样更好。

一个人的话，一切都变得更加诱人、神秘、令人兴奋。

水已经涨起来了。在某些地方，河水轻轻擦过小路，走路时需要非常小心。

还有五百米，卡米洛就能到达维京人所指的热门河段之一。

一条鲑鱼跳了起来。卡米洛没有看到，但他听到了。然后是另一条。现在很难弄清他是否来到了理想的位置，最好还是等渐变的灰色和紫色来宣布黎明的到来吧。卡米洛坐在岩石上，非常开心。他静静地呼吸着。

这才是真正的呼吸，吸着肺部所需的氧气，或许更多的是精神需要的氧气——这在城市中是很难得的：在城市里，你能呼吸的空气也就恰好能让你不窒息。

这就是为什么我们仅仅只是活下去而已。

但在这里不是，在这时候也不是。

对卡米洛来说，只需要好好呼吸几口，就可以重新与周围的环境融为一体，感觉自己像是鱼、水、草、树木和夜晚。

此时，男人沉浸在一种美妙的感觉中：平静、清醒又活跃。这种感觉是对每个野兽或者人类的奖励。

与此同时，脚边的岩石、水和树木的侧影，甚至对岸的轮廓都开始逐渐清晰。

是时候组装鱼竿了，他将鱼竿穿好飞钓线①，然后连接好脑线②，最后连上了羽毛钩。

那两条小鲑鱼，就让它们瞧着吧。

鲑鱼的跳跃是比较冒失的。许多其他淡水鱼有时会出于某种原因将鼻子伸出水面，但大多数时候它们只露出鼻子，或者更少的部分。

最常浮起来的是鳟鱼，但也只会在水面上留下一个小小的嘴。茴鱼也是这样。鲑鱼则非常自负，它们会整个身体离开水面，仿佛被弹簧发射出来。它们会被认为是在观察四周，或者享受短暂的憋气，算是一种反向浮潜了。

多么棒的演出啊。一次又一次，一次比一次高。

卡米洛等待着，用眼睛注视着鲑鱼总是跳起来的地方，然后看到它又跳起来一次。总是那一条，跳了两三次。在这段两百米的河里，现在，极有可能有不下五十条鲑鱼。

卡米洛慢慢走进水里，步子很小，以免发出声响。

在捕钓大西洋鲑鱼的这么多年里，他明白最常见的错误之一就是走进水里然后发狂一样疯狂抛投。抛投最好从脚下附近开始，然后延长钓线，尽可能多地覆盖更广的水域。轻轻地，不发出声音。

---

① 译者注：飞钓线是飞蝇钓专用线，因为飞蝇钓不使用铅坠，所以需要其自身有较大的重量和强脱水性，才有利于抛投。

② 译者注：脑线指的是绑鱼钩的线，鱼钩到铅皮座或者八字环的一段线。

　　卡米洛让钓线随水流漂动了一会儿，再将它拉回，然后一点点地延长它，持续向更前方抛投着。顶佳品牌的羽毛钩开始了它的冒险，它在空中画出弧线，然后被强有力的水流拖拽着。一切都静止了，只有汩汩河水朝着山谷流去。

　　光线能让人看清河流的样子了，卡米洛的注意力被离岸约三十米的一处乱流吸引；那儿极有可能存在一两块巨大的被淹没的岩石，他们能让水流向上偏转。那是一处鱼类可能会筑巢的完美场所，因为可以避开水流，同时还被一块大石头保护着。抛投一次，走一步；抛投一次，走一步。羽毛钩落在乱流上游大概五米处，然后四米，三米……

水面之下（二）

雨水自山脊流下形成小溪，将树叶和小草卷入水中，它们在杰森眼前出现又消失，让他很难辨别可能会出现的危险。

他不知疲倦地摆着尾巴，沿着河流的对角线巡逻。

他在玛尔塔产卵处几十米范围内游动。

玛尔塔选了个好地方，杰森唠叨着。水流到这里就变慢了，并且不得不绕过两块不大不小的岩石，河底的石头又小又圆，非常适合鱼卵孵化。杰森不想离这儿太远，也不想让这段河流剩下的部分无人看管。

就这样沿着河流对角线向上游，然后又游下来，尾巴掌着舵，直到重新回到初始位置。然后一次又一次出发，只为更好地检查沟壑和淹没的树枝，他还时不时地改变一下路线。

这是个无聊的工作，但必须要做，杰森知道。

他已经几个月没吃东西了，这本身就足以让他神经紧绷。

不得不击退其他鲑鱼对领土的入侵，而不是全心全意地看着玛尔塔将数百个橙色的小球扔到河底，这增加了杰森的怒气。

雨下得越来越大。"下雨会使河水持续上涨。"杰森念叨着。如果河水上涨太多，水流就会增加，这会危及小宝贝们的安全。

"该死。"杰杰紧张兮兮地想着。

就在那一刻，他的右方出现了入侵者。甚至可以说，不仅仅是出现而已，入侵者掠过了杰森的嘴巴上方。杰森猛地转身准备发起攻击时，但卡米洛手工自制的顶佳羽毛钩只是掠过了一下，杰森转身的时候，它已经不见了。

水流和卡米洛往回收的动作已经将羽毛钩挪远了好几米，让它从杰森的视线范围里溜走了。

但杰森确信自己并没有做梦，他围着自己打了三四转，像狗咬自己的尾巴一样。

"杰森？"

"怎么了？"杰森问。

"不，是你怎么了？"

"我不知道。"

图11　斯佩抛投（Spey casting）

　　斯佩抛投是一种复杂的抛投技术，于十九世纪中叶在苏格兰的斯佩河畔发展起来。这种技术能让钓鱼者在背后没有空的情况下，也能将鱼饵抛投到相当远的距离。

"你很不安。"

"我很烦躁，玛尔塔，你想知道什么吗？今天特别糟糕。水位上涨了，还涨个不停。你知道这是什么情况，一切都变得浑浊不清，什么都到河里来了：你还记得一个月前河水涨满的时候吗？我们就不再知道河水的边缘在哪里以及田野在哪里了。你觉得一条鲑鱼在生命的某个时刻突然发现自己在一棵卷心菜前，这是正常的吗？但这种事却发生在了我身上！"

"什么都会发生在你身上。"

水面之上（三）

　　顶佳牌羽毛钩被拉回来，又沿着之前同样的轨迹被抛投出去，划过水面后又回弹到杰森嘴上。这不是一个偶然事件，也不是命运的捉弄。

　　这是羽毛钩抛投了无数次的结果。

　　是羽毛钩为了接触到鲑鱼无数次探测水深的结果。

　　如果人造鱼饵掠过或者接触到一条鲑鱼的概率是万分之一，那么成功之前的确需要抛投一万次。而卡米洛已经抛投了一万次。

　　事实上，对于一条鲑鱼来说，仅仅让一个看起来不错的东西从它附近经过是完全不够的。逆流而上的大西洋鲑鱼并不是在寻找猎物的饥饿鳟鱼。一小口美味并不能吸引它。你应该让它苦恼，让它生气。

　　正如比约恩所说，撞击引擎盖骗局，只对紧张不安、不善思考、冲动急躁的鲑鱼有用。如果在那条河段有这么一条鲑鱼，那肯定是杰森。这一次杰森猛地转身，没有错过目标。

Bingo[1]！

因为什么异常结实且坚韧的东西，钓线和鱼竿都停住了。

卡米洛以为羽毛钩卡在了某块岩石中间，因为有时羽毛钩掠过河底时，会卡在岩石中间，或者钩子会咬住水下的冷杉树枝。

如果树枝还在河底并且是一整棵倒在水里的树的一部分，那么钓鱼人很快就会明白并且骂起脏话来，因为他知道这个羽毛钩算是没了。

而相反，如果这个树枝能自由活动——不管有多大——那么情况会在几秒内变得令人紧张不安，因为这个树枝，在钓鱼人的促使下，有了生命。

钓手的让步、移动、抵抗和改变位置，都让钓线另一头的东西容易被误以为是条鲑鱼。

于是钓鱼人心跳加速，开始准备战斗。然后当他搞明白这并不是一条鲑鱼，而是什么灌木时，相对于前一种情况晚

---

① 译者注：宾果（Bingo）的英文含义是"猜中了"，这是非常老式的赌法，在新开的赌场中已经不多见了。

个几十秒，钓鱼人会骂起脏话来。这时候他就像个傻瓜。

但这一次，卡米洛知道事实并非如此，这不是一个树枝、水藻或者石头。

他并没有本能地立刻抬起钓竿，而是耐心地等待着，感受着钓线上的重量。

为了防止情绪控制大脑，英国的鲑鱼钓手会建议大家在抬竿前说声"天佑国王"。卡米洛没有需要保佑的国王，所以他从一数到三。

人们在一瞬间从无聊变到兴奋时，是很难控制自己的，但是卡米洛知道如何控制自己。他等待着。

当他确定钓线的另一头是一个生物而不是什么东西时，他将他四米六的鱼竿向天空抬起，而鱼竿仍牢牢不动，只是弯曲了。

图12　顶佳牌（The Dope）

　　顶佳牌羽毛钩是艾力·高恩斯的最后一个发明。它的尾部是染成黄色和荧光红的鹿尾毛，侧面是染成黑色的鹿尾毛和松鼠尾巴毛，躯干部分是银色，缠有椭圆形金银丝和黑色的火鸡颈部羽毛，顶部是荧光橙色的线。

水面之下（三）

　　还没有搞清楚经过身边的东西是什么，杰杰就一个转身用嘴咬住了那个外来物，鱼钩插进了他上下颌骨交汇的地方。

　　他甚至没有注意到有东西拽住了他。他十四公斤多重的肌肉和骨头让它成了这附近最庞大最强劲的生物之一。

　　"呸！一个人都没有。"杰杰看了看四周心想，"玛尔塔是对的，放个小假对我没什么坏处。或许稍微逛远一点，不要总是看到同样的东西，这样可以让我放松一点。"

　　他用尾巴转了个身向前游，感觉到有什么东西阻碍着他，但他不是很在意。

　　"或许这就是问题所在。"他心想。

　　他继续向前慢慢地游着，但是杰森发现有什么地方不太对劲。

"我好像被水藻或者树枝或者什么卡住了……"或者？杰森不知道，虽然不知道，但他还是向前猛地一冲。

他成功了，即使付出了一点努力。

"我嘴里到底是什么东西？"

杰杰不明白。

"最好去让玛尔塔给我看看。"杰森摇了摇头，摆脱了胡思乱想。然后他悬着一颗心加速游了五十米。

玛尔塔看到他来了迅速发现他心情很不好。

杰森停在了玛尔塔面前。

"玛尔塔，你看看是什么东西粘我身上了，我自己看不到。我感觉被拉着。"

然后绳子的拉力变得更强了，杰森不得不跟随着这个拉力而非自己选择的路线走。

杰森现在不太确定是什么东西在拉着他。

"玛尔塔，我现在被拉着走，但我不知道要去哪里。"

杰森开始担心了。他在对付的是一个新的对手，这个对手在杰森使出浑身力量加速时便会退让，但是一旦杰森停下来，他又重新夺回控制权。

而这是个麻烦。

水面之上（四）

"我不信。"卡米洛惊呼。钓鱼四天积累的疲劳，错过航班、遗失行李、不得不用不是自己的装备钓鱼的挫败感，让衬衫都湿透的冰水，这一切，都消失了，像是魔法一般。

上钩了，是的，这是条鲑鱼。

从它仿佛毫不费力地溜达看来，卡米洛明白，这条鱼很大。是一条自信的鱼，一点也不担心，甚至还没有开始战斗。

现在，这根只有三分之一毫米粗的尼龙绳，需要对抗一条很强壮的鱼。

虽然绳子有弹性，但单凭它是无法做到将这样的大鱼拉上岸的，而且鱼竿的弹性也不够。现在，这项工作必须由这个完美哈迪牌的飞钓轮和操控它的人来完成。

卡米洛观察着四周，留心着那些靠近河岸很可能变成累赘的障碍物。他有很多事情需要做：保持冷静，了解鱼的意图。在它爆发新能量时顺着它，但也不能让这条巨型鲑鱼带走所有缠在飞钓轮上的钓线。

与此同时，鱼竿呈现出一个紧绷的弧形，而钓线不断地从完美哈迪飞钓轮宽大的卷线轴上飞出，像是坠入爱河的乌鸦发出了尖锐的叫声。

水面之下（四）

"跳起来，杰森！"玛尔塔担忧地跟着杰森并且给出建议。

与此同时杰森开始认真对付这件事了。某个东西正在把他带往他不想去的地方。

"这是真的妙，无法解释。"战士杰杰心想。

然后杰森跳了起来，想看看这样做能不能有点用。

接着他又扑进水中，重新夺回了几米长的钓线。

杰森清楚了这股拖拽着他也吸引着他的黑暗力量的准确方向，于是他开始竭尽全力地游向完全相反的方向。他对这暂时的成功感到很激动，他自负地重新开始全力推动自己。

"是你指挥还是我指挥？"他像念咒语一样重复着这句话，并且在水流的帮助下全力向前游。

水面之上（五）

　　雨暂时停了，从钓线入水的倾斜度，卡米洛可以推断出鲑鱼现在离他有多远。那条大鱼刚刚露出水面完成了一次高超的跳跃，现在他像个火车头一样狂奔。

　　"去你想去的地方吧。"卡米洛心想，他非常信任完美哈迪飞钓轮上安装的两百米备用线，它像在等一场特殊的捕钓。"去你想去的地方吧，你迟早会回来的。"他这样期盼着。

　　当杰森跳起的时候，卡米洛的心停滞了一瞬间：有很多次他都在鱼跳起的时候丢失了钓起来的鱼，但这一次羽毛钩很小，似乎很完美地卡在了鱼的嘴角。

　　但他也无法确认是否能钓鱼成功。鱼可以把线从线轴上扯出，也可以直接把线都吃掉。在这种情况下，它会弄断连接钓线和线轴的结。

这种充满了不确定和兴奋感的特殊情况，都会让捕获鲑鱼以及其他鱼的钓手，为之欢欣鼓舞。

钓鱼是唯一希望你的对手顽强的运动。

在所有其他挑战中，从拳击到网球到拔河，你都希望可以立刻控制对手。

然而钓鱼不是。如果鱼不能够顽强抵抗，这种情绪就会消失。

所以令人真正感兴趣的并不是捕获到鱼，而是刀口上的战斗，战斗本身。你并不会知道什么时候局势会对你不利，或者局势是否会起起落落。只有钓鱼的人才能明白我们现在在说什么。

卡米洛也不例外。现在，这个瞬间，他感受着他最快乐的时光。

现在那条鲑鱼逃跑的力量减弱了，卡米洛可以看到杰森的尾巴了，巨大的尾巴。从钓线入水的地方到尾巴之间的距离，让卡米洛一目了然地明白了这是一条不止一米长的鱼。

男人开始慢慢地向身后的河岸移动，试图找到适合拉起猎物的地点。

杰森现在在岸边浅水区域的岩石之间。他不再有足够的力量移动，但是他并不屈服。

然而当卡米洛想要抓住他尾巴时，杰森重新冲向河流，就好像这是他的第一次战斗一样。

鱼竿弯曲，钓线被飞速扯出，飞钓轮的滴答声变成了恐怖的嗖嗖声。

鲑鱼跳出了寻求自由的最后一跃，卡米洛便成功地将它带去了两拃深的淹没了草丛的沟壑里。

现在卡米洛试图拖着鲑鱼的头把它带到河岸边，并且伸出双手，再次尝试抓住鱼的尾巴。

不得不说，鲑鱼在尾巴和身体的连接处有一个骨头做把手，可以让那些用力抓住它的人阻止它任何的其他动作。

经过半个小时筋疲力尽的战斗，这个精壮男子赢了。鲑鱼任由自己的尾巴被捉住，然后被挪到岸边，在这里河水因为下雨而涨满，淹没了草地。

它有多大呢，肯定是这条河里最大的之一了。体型巨大并且形体完美。

能从这么大一条鲑鱼身上得到多少公斤的鲑鱼片？要熏这么大这么多的鱼片又要多少天？

水面之下（五）

　　杰森没有力气了。他已经用尽全力，但是看不见的对手即将占上风。玛尔塔伤心欲绝。她跟着她的杰森在一大片水域里上上下下，对她来说插手是无法做到的。到现在她已经停止给出建议，只能让杰森采取所有本能的举措，并且期望着那根控制着杰森的丝线断掉或者消失，而杰森违背着自己的意愿靠近了河岸，那里的水已经不到五十厘米深了。

　　没有任何杠杆或者支点可以让杰森依靠肌肉来扯断这根囚禁他的线，但他也没有停止斗争。

　　现在杰森移动着并已经慢慢露出水面，有时尾巴露出水面，有时背部露出水面。

　　但我们的英雄并没有像许多鱼在放弃的时候那样转向一边。他仍然保持着体面，缺乏精力但高傲。

他就像一个快要淹死的人一样，回顾了他生命中的重要时刻。

那是一个小伤口，已经愈合多年，就在杰森的侧面，这让他显得特别。现在他想起的这个伤口，就像是他自己制作的伤口一样。从斑头秋沙鸭手上救下玛尔塔时她还是个小女孩。也就是在那时候，就像之前遇到海豹一样，杰森也挡在了中间，当时他们都还只是几百克重的小鱼，他们成了有特殊饮食习惯的水鸟的目标。

杰森甚至不明白谁是袭击者，但当鸭子试图抓住他的朋友时，他已经冲到了一旁试图模糊鸭子的视线，转移鸭子对玛尔塔体重的注意，并且啄了一下那个杀人的喙。转眼间两人已经回到了深海之中，惊吓过去后，他们便开始探索这个造物主认为可能适合他们的世界。

接下来就是海洋之旅，玛尔塔与杰森之间的关系也变得更为深入：他们约定一同回到出生的河流，并且在那里繁衍。对杰森来说这就是最后一个完整的记忆了。其他的记忆都混乱地挤在一起：海洋、海豹、费尔南多；鳗鱼、费尔南多、生病的玛尔塔。那些画面出现和消失得越发迅速，然后是一片白色。

杰森一时间失去了意识。

然后他感觉自己尾巴被抓住，被重重地提了起来。

现在杰森又清醒了，但是精疲力竭，还缺水。

魔爪摆弄着他，卡在他身上的钩子被取下，一道强烈而突然的光照亮了他。杰森的心脏在狂跳。又是那双魔爪，再次牢牢抓住了他。结束了，杰森放弃了，他就这样死了，就这样吧。"时候到了，还不如在被逼之前先放手。"这是杰杰最后的想法。

水面之上（六）

　　卡米洛将钓竿的手柄靠近鱼尾，并测量鱼嘴末端的准确位置。刚好在鱼竿第二段接口处下面一点，他在心里做了记录。

　　他的手穿过几层湿透的衣服，拿出手机，在胸口擦了擦屏幕，然后拍了张照片。

　　将鲑鱼切片的想法被简化为一种原始的贪婪，它可以追溯到过去那个"食物不能被释放"的千年法则：食物就是被吃的。

　　每一次卡米洛要决定一条鱼的生死存亡的时候，那个原始的贪婪念头总是冒出来又总是更快地消失。

　　"我得快点。"卡米洛心想，"这条鲑鱼已经很累了，我得让它尽快回到游泳的状态。"片刻之后，这条鲑鱼就回到水中，身体处于水平位置，嘴巴朝向河流，这样可以让水

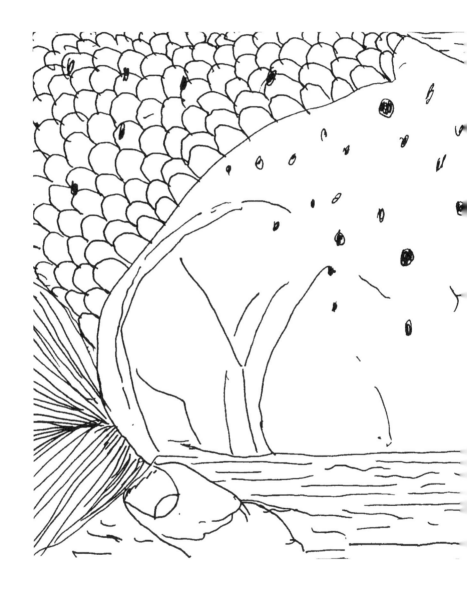

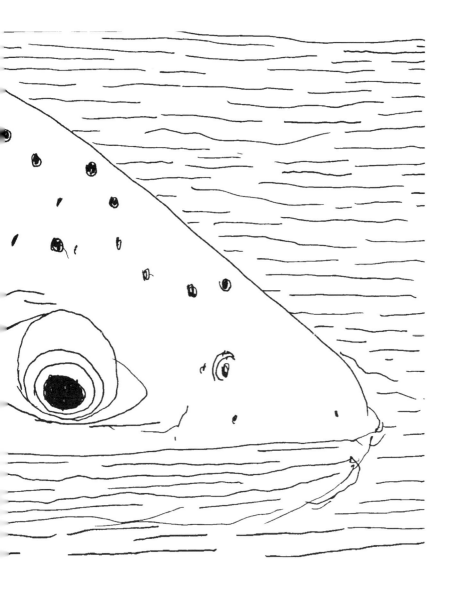

流进嘴里，帮助它重新吸入氧气。

有时候鱼需要几分钟才能重新开始呼吸，但这一次需要的时间较少。大约三十多秒后，鲑鱼全身一阵颤抖。

卡米洛一只手抓住鱼尾片刻，另一只手拍了张照片，照片中展示了他的手和鲑鱼尾。这是两个战士之间的一个重要的瞬间。

大鱼潜入水里，游远了。

水面之下（六）

杰杰意识到他可以重新呼吸了。"但我又能改变什么呢？"他毫无希望地想着，呆呆地待在原地不动。

与此同时，魔爪松开了一点，慢慢地在水中前后移动着鲑鱼，增加通过鱼鳃的水量。这给了杰森力量，杰森的心跳开始放慢了。现在，他身上那点轻微的压力甚至都没有了。杰森自由了。

杰森目瞪口呆，为了让过滤的氧气比率恢复正常，鳃疯狂地工作着。杰森本能地远离岸边，远到足以让自己感觉有点安全感。

而玛尔塔就在那里，等待着，她也不知道自己在等什么。

在她以为杰森已经消失的时候她却看到他回来了，这让玛尔塔高兴极了。他在那儿。她神奇的保罗·纽曼就在那儿迎接着她。

杰森先生努力恢复到坚定无畏的鲑鱼状态。

现在，他的眼睛散发出新的光芒。

几秒钟之后，杰杰艰难地恢复了大部分尊严，但是贯穿他全身的情绪却没有变化。

如何解释刚刚发生的事情？如何解释他被无形的力量吸过去，还被从未见过的爪子抓住？以及怎么解释自己面前的是一个至今为止见到过的最大的生物，如此与众不同，自己被他果决、慎重地操控，被观察和研究，最后又被归还自由？

当玛尔塔冲过去迎接杰森的时候，杰森低声说道："玛尔塔，我们并不孤单。"

返程

雨已经停了。天气开始回暖，曼达尔塞尔瓦河上升腾起缕缕蒸汽，树林又恢复了之前被雾气的灰色取代的绿色色调，河边不再有任何人，捕鱼季明天就结束了。对水位上涨到阻碍钓鱼的恐惧已经使最后的钓鱼人灰心丧气。

水面之下，玛尔塔和杰森紧紧依偎。

杰森几乎一动不动地待了几个小时，才恢复了行动能力。

这也并不是说他现在就能长距离移动了：不论如何，他仍在康复期，玛尔塔帮着他也支持着他。

"我一定是个傻瓜，做了蠢事。"杰森解释道，"现在我搞明白了，这一切的发生是因为我试图抓住一个从我身边经过的东西。就是你之前给我说起过的钩子。我觉得这就是整件事情的症结。"

　　杰森已经用不同的方式将这件事情讲述了好几遍，但是玛尔塔知道，最好还是表现得像第一次听一样。

　　"不论如何，对我来说你不是傻瓜。所有人都有可能上当的。"

　　杰森不是特别确定玛尔塔是否真诚。他清楚伴侣嘴巴的弯曲弧度。看着他的眼睛也有一点闪动。这个女人，当她想要说一些温和的反话，或者在其他场合想要激怒他的时候，她就会这样。

　　但不是在这种情况下。这当然是，最好放下过度敏感，并且相信这是玛尔塔真诚的时刻之一。

　　"我们现在该回去了。"玛尔塔说着，在杰森前方小小的水流里游动着。

　　"去哪儿？"杰森问。

　　"回去，杰杰！"

　　"为什么？"

　　"什么为什么？"

　　"我们不能留在这里吗？我是个傻瓜，玛尔塔。我不懂什么哲学理论。我看到了所有命运觉得我应该看到的东西，包括决定我生死时刻的那个怪物主导者。我觉得非常有趣，我也在竭尽全力揭晓发生在我身上的事情。即使我们回去海里，我也会重新做这些我做过的事情，但没那么多激情了。为什么我们还需要回去呢？"

杰森真的太累了。他太久没有吃东西，还经历了一场艰苦又华丽的战斗和光荣的失败，还生了孩子，未来在他们身上了。他还需要做什么呢？杰森问道。

"听着，我们回去吧，别再拖了。在冬天开始之前，在水变得没多少之前，我们要走有急流的那条路。"玛尔塔毫不妥协。

"我们就不能让自己顺其自然吗？"杰杰仍然大胆提问。但是玛尔塔非常急迫，"鲑鱼从不放弃。不会顺其自然，杰森。这样的话就不尊重大自然了。鲑鱼能活多久就要活多久，这是使命。"

"好家伙。那我就把自己扔这里。在水里漂游。"

"不行，我的朋友，杰森，现在我们要走了。我们在这里该做的事情已经做完了。现在我们要回到海里，我们去离海岸三两公里的地方，我们就待在那里。因为那里不缺鳕鱼，我们会很健康。"

杰森似乎被玛尔塔的话打动了，尤其是其中几句。

"说到鳕鱼，我必须承认我有一丝丝想法。鳕鱼，呃，如果我可以再加点，还有肥美的鲭鱼，它们各有各的优点。"

"你的胃口回来了？"

"走吧。但我不保证。我感觉我枯萎了，就像科克会说的那样，fané。①"

"来嘛，还枯萎呢，走吧。"

"从这边走？"

"怎么从这边走！去海边，你还想往上走？"

玛尔塔无法再忍受杰森方向感的缺失了。

"我在开玩笑呢，这次是开玩笑的，我知道是从那
边走。"

杰森玩得很开心。玛尔塔摇了摇头。

杰森开始向下出发。

然后他停下来最后看了一眼鱼卵。玛尔塔也停下来观察
着这些鱼卵。

"他们很漂亮，对吧？"她说着的时候，眼里充满了
爱。"再过不久，我也不能说具体多久，也许我们会看到他
们在前往马尾藻海的路上经过。"

但是杰森没有再听她说了。他已经出发，任由自己被水
流带着，带到了河流中心那个大写的V字那里，在那儿河流的
速度最大。

玛尔塔跟着他。她也累了，筋疲力尽，但她现在有一个
像搁浅的海牛一样的伴侣，她不能够踌躇不前。

---

① 译者注：fané，法语，意思为枯萎的。因为科克喜欢说些法语，所以杰
森这样说。

于是她也甩了两下尾鳍,顺着曼达尔塞尔瓦河的湍流向下游去。他们毫不费力地和丰沛的雨水一起,被河流带着向下。这两条鲑鱼仍怀有兴致,开始了另一番角逐。

后记

写一本书的过程就像钓鱼。

书就像个骗局，或多或少和一个羽毛钩、一条假鱼或者一条肥虫差不多。如果这个骗局的构造足够好，或者说有什么耀眼的、诱人的东西把你们吸引到了这里，那么写这本书的人就算是一个不错的大骗子。不然呢？不然你们不会看到这里，也不会读到这几行。

现在钓鱼结束了，是时候释放猎物了——也就是你们，让别人再去用另一个诱饵欺骗你们，我们祝福你们下一个比这一个更美味和开胃。

译者后记

　　《鲑鱼回乡记》这本书是一本关于鲑鱼洄游以及飞蝇钓的科普书籍，采用了小说的形式，故事从"水下"和"水上"两个角度开展。

　　"水下"的鲑鱼夫妇杰森与玛尔塔，为了繁衍后代从成年后居住的大海返回出生地的河流，一路上历经了许多有趣的、惊险的、苦难的、奇妙的事情；这个部分大都以对话形式呈现，内容幽默风趣，作者以轻松诙谐的笔触、简单易懂的描述为我们介绍了鲑鱼以及鲑鱼洄游的相关知识，让科普脱离了枯燥乏味，不乏令人莞尔的精彩对话。

　　"水上"的钓鱼好友：意大利的卡米洛与挪威的比约恩，随着鲑鱼捕捞季的到来，他们相约挪威的曼达尔塞尔瓦河，卡米洛为了钓上鲑鱼进行了精心的准备和充分的练习，在抵达目的地后与主角鲑鱼杰森的博弈将故事推向了高潮；相对于"水下"部分，本部分的语言风格更为严肃、细致，以精练的语言向我们介绍了钓鱼中飞蝇钓的相关知识，飞蝇钓起源于欧美，相较而言今也是在欧美国家更为流行，这个部分详尽的装备、技术介绍也可以成为我国钓鱼爱好者有效的参考资料。

　　个人而言这本书从多个方面改变了我对科普书籍的刻板认识。首先是语言风格方面，这应该归功于作者之一的贝佩·托斯克，不难知道该作者除了作者身份以外也经常为许多电视节目、脱口秀喜剧撰稿，因此这本书的语言大都妙趣横生，相信读者们也会发现文中有大量角色之间的精彩拌嘴，夹杂着程度适中的挖苦与讽刺。而知识的讲解部分，语言风格宛如朋友娓娓道来一般，总体而言令人有非常轻松愉快的阅读体验；然后便是这本书有不少内容引人深思，在许多令人忍俊不禁的对话后面，暗藏着的是发人深省的生活哲学或耐人寻味的人生思考，让有趣的文字之外有了更高的立意，变得更厚实饱满，令人回味无穷；最后，虽然这本书主要是对鲑鱼洄游与飞蝇钓进行科普介绍，但却很难不让人产生对环境问题、人与环境的关系的相关思考，相信这也是作者有意为之，让我们对大自然、对所有生命都充满爱与敬畏。

　　希望这本书也能像带给我一样，给读者带去层次丰富的阅读体验。

叶萌

2022年6月28日

附言

关于野生鲑鱼的注意事项

"玛尔塔和杰森"的故事并不是一篇鱼类学论文，其中包含了许多文学的自由：费尔南多应该离马尾藻海比较远（但他本来就是个怪咖，大家都知道），鲑鱼很难看到自己产的鱼卵，也不会像杰森那样反复以鳗鱼为食，只有极少数的鲑鱼才能够在产卵后重新回到大海，因为它们会在那之前死掉，最重要的是，它们不会像我们的两个主角一样聊天。

然而这本书仍旧包含了许多关于这些美丽、神秘的鱼的生命真相，它们基因的设计是为了游向大西洋，而它们的生存却受到了许多严峻的考验：高强度的渔业捕捞、气候变化、用于水力发电的水坝，尤其是从北欧到南美的河流及峡湾的入海口的集约化养殖。

成百上千条鱼被迫在水下的笼子里绕圈，并被喂以动物粉，被填塞抗生素和杀虫剂，它们被寄生虫侵蚀，被撕碎皮肉。这些寄生虫，在它们攻击了为数不多的返回出生水域的野生鲑鱼后，顺着路线找到了养殖场。诚然，许多寄生虫会在遇到淡水时脱落，但并不是所有鲑鱼都像玛尔塔一样幸运，很大一部分鲑鱼在极度痛苦中结束了它们悲惨的命运。

另外，那些成功逃离的养殖鲑鱼经常会与野生鲑鱼混在

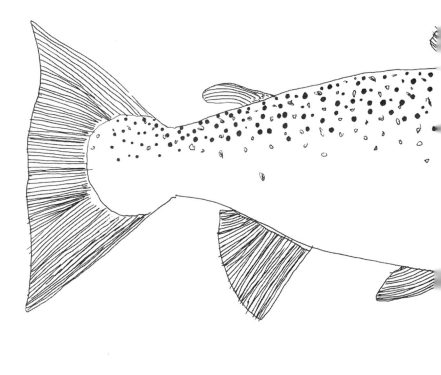

174

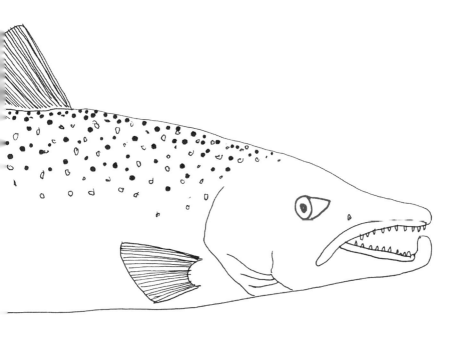

一起，就像科克一样，其后果却是对那些出生、进入海里、跋涉数千公里回到那条河（就是那一条，不能是其他河）的鲑鱼的基因造成不可挽回的破坏，而它们这样做，只是为了使自己的基因永存。

对于不是像卡米洛和比约恩这样专门钓鲑鱼的钓手来说，大家只有一种方法可以确保自己吃的是野生鲑鱼：将头伸进产鲑鱼的河流中，张开嘴巴，期盼着鲑鱼中的某一条钻进喉咙。

不存在其他的方法了。

市面上绝大多数的鲑鱼都不是野生的，尽管包装上都贴着醒目的"野生"标签，但实际上却都是养殖鲑鱼。

它的一生可能是专横粗暴的，但并不是野生的。野生是另一回事。

如果米兰或者奥斯陆最好餐厅的主厨提供了野生鲑鱼，放轻松吧。

提供的鲑鱼确实是好的、新鲜的，但极大可能不是野生的。

虽然绝大多数情况是这样的，但也不排除有人可能碰巧真的吃到了野生鲑鱼，当然，这种情况发生的概率确实极小。

最好还是退而求其次选择其他的食物吧。

鲑鱼，那些野生鲑鱼，会感谢你的。

图书在版编目 (CIP) 数据

鲑鱼回乡记 / (意) 贝佩·托斯克, (意) 阿曼多·夸佐著; (意) 伊尼亚纳齐奥·莫雷洛绘; 叶萌译. —北京: 中译出版社, 2023.3
ISBN 978-7-5001-7229-1

Ⅰ. ①鲑… Ⅱ. ①贝… ②阿… ③伊… ④叶… Ⅲ. ①鲑科—青少年读物 Ⅳ. ①Q959.46-49

中国版本图书馆CIP数据核字(2022)第205966号

L'eccellente avventura di Marta e Jason
© 2021 Giunti Editore S.p.A. / Bompiani, Firenze-Milano
www.giunti.it
www.bompiani.it
Illustrations by Ignazio Morello
The simplified Chinese translation copyrights©2023 by China Translation & Publishing House
ALL RIGHTS RESERVED
著作权合同登记号：图字01-2022-4309

鲑鱼回乡记
GUIYU HUIXIANG JI

出版发行：中译出版社
地　　址：北京市西城区新街口外大街28号普天德胜大厦主楼4层
电　　话：（010）68359827，68359303（发行部）；68359725（编辑部）
传　　真：（010）68357870　　　　　邮　　编：100044
电子邮箱：book@ctph.com.cn　　　　网　　址：http://www.ctph.com.cn

出 版 人：乔卫兵　　　　　　　　　总 策 划：刘永淳
策划编辑：范祥镇　　　　　　　　　责任编辑：范祥镇
文字编辑：李倩男　杨佳特　　　　　营销编辑：吴雪峰　董思嫄
版权支持：马燕琦　王立萌　王少甫

封面设计：大摩北京设计事务所　　　排　　版：文件帮
印　　刷：河北宝昌佳彩印刷有限公司　经　　销：新华书店

规　　格：880 mm×1230 mm　　　　1/32
字　　数：101千字　　　　　　　　印　　张：5.875
版　　次：2023年3月第1版　　　　印　　次：2023年3月第1次

ISBN 978-7-5001-7229-1　　　　　　定　　价：48.00元